U0393656

基于点云的变电站设备三维建模方法

国网河南省电力公司洛阳供电公司　组编

中国电力出版社
CHINA ELECTRIC POWER PRESS

内 容 提 要

本书是一本介绍点云技术在变电站建模方面应用的实用型论著。以变电站场景为依托，详述了点云技术在工程实践中的应用。

本书包含七章，重点介绍了从变电站设备点云获取到最终构建出变电站模型的各个流程，以及各流程所涉及的技术和方法。主要内容包括点云技术概述、变电站点云数据预处理、电气设备点云提取、电气设备基座分割、电气设备电线分割、变电站设备点云识别以及变电站重建。

本书适合从事（变电站）建模相关研究的工作者、研究点云技术的工作者，以及对点云建模方法有兴趣的广大科技工作者。

图书在版编目（CIP）数据

基于点云的变电站设备三维建模方法/国网河南省电力公司洛阳供电公司组编 . —北京：中国电力出版社，2023.6

ISBN 978-7-5198-7684-5

Ⅰ.①基⋯　Ⅱ.①国⋯　Ⅲ.①变电所—系统建模—研究　Ⅳ.①TM63

中国国家版本馆 CIP 数据核字（2023）第 051908 号

出版发行：中国电力出版社

地　　　址：北京市东城区北京站西街 19 号（邮政编码 100005）

网　　　址：http://www.cepp.sgcc.com.cn

责任编辑：邓慧都

责任校对：黄　蓓　朱丽芳

装帧设计：赵丽媛

责任印制：石　雷

印　　　刷：三河市百盛印装有限公司

版　　　次：2023 年 6 月第一版

印　　　次：2023 年 6 月北京第一次印刷

开　　　本：787 毫米×1092 毫米　16 开本

印　　　张：8.25

字　　　数：170 千字

定　　　价：48.00 元

本书编委会

主　编　柴旭峥

副主编　寇启龙　方　涛　李　东　刘　凯

参　编　佘彦杰　饶　钰　曾庆改　周磊月　申莹莹　纪中豪

　　　　刘　智　耿　欣　尚　喆　张静雯　葛　洋　段效琛

　　　　孔祥雯　段梦菲　刘　然　王泽华　梁师诚

前　言

电力系统在工业生产及日常生活中扮演着不可或缺的角色。在我国经济社会不断发展、工业化不断提升的过程中，可靠的电力供应是国计民生的保障。变电站作为电力系统中的关键一环，其安全可靠运行是保障电力系统稳定的首要任务。因此，变电站的日常运维水平对变电站乃至电力系统都至关重要。变电站的日常运维包括设备巡视、倒闸操作、故障及异常处理、缺陷上报及消缺验收、设备维护、运维分析等工作，这些工作主要依靠变电站值守人员完成。

随着计算机科学技术的不断发展和各种新技术、新方法的不断涌现，变电站的智能化、无人化、信息化运维成为可能。智慧变电站就是在汲取以往变电站设计建设经验的基础上，采用先进的传感技术对设备状态参量、环境等进行全面采集，并充分应用现代信息技术建设的状态全面感知、信息互联共享、设备实时监测、运维自主完成的智能化变电站。

智慧变电站建设的基础是变电站模型的构建。换言之，各种信息、决策都是搭建在变电站模型的框架之上，从而完成智能变电站的可视化。计算机视觉的不断发展和计算机信息处理能力的不断提高，使现实场景高精度建模还原变得越来越简单。变电站场景的建模还原为变电站系统的日常检测、规划建设、指导实践提供了极大的便利，已成为电力系统可视化研究的主要方向。

传统的建模大多依靠人工手动完成，建模过程费时费力，且对专业人员技术要求较高。点云是指表达目标表面特性的海量点集合，是摄影测量、测绘、建模、计算机视觉等多个领域的数据源之一，已被广泛地应用于高精度大比例尺数字高程模型制作、电力巡线、建筑物三维建模、地表覆盖分类等。点云数据不仅保留了实体表面信息，具有极强的可恢复性，而且便于计算机操作，因此将点云用于变电站模型的构建具有快捷高效、易操作等优势。

本书在借鉴国内外相关领域研究成果的基础上，较系统地介绍了点云技术在变电站建模方面的应用以及解决方案。本书共分七章：第1章总体介绍了基于点云变电站建模的发展现状与整体流程；第2章介绍了变电站点云数据预处理的各个环节及方法；第3章介绍了电气设备点云提取方法，并详细介绍了基于点云体素的变电站设备分割方法；第4章和第5章分别介绍了变电站附属设备——基座和电线的分割方法；第6章介绍了两种变电站设备点云识别的方法；第7章介绍了变电站整体场景的恢复和重建方法，并给出了基于点云的变电站重建实例。本书通过对从变电站点云的获取到处理的分步详细介绍，让读者了解点云在变电站建模中的应用过程，并为该领域的从业人员提供一定的理论指导。

由于编者水平和时间的局限性，书中内容难免存在疏漏和不足，敬请各位专家和读者批评指正。

编　者

2023 年 1 月

目　　录

第 1 章

点云技术概述

1.1 基本名词

（1）点云。点云是指在同一空间参考系下表达目标空间分布和目标表面特性的海量点集合。通常情况下，使用三维坐标测量机所得到的点云，点数量比较少，点与点的间距也比较大，因此叫稀疏点云；而使用三维激光扫描仪或照相式扫描仪所得到的点云，点数量比较大且比较密集，因此叫密集点云。

（2）三维激光扫描技术。利用激光测距的原理，通过记录被测物体表面大量的密集点的三维坐标、反射率和纹理等信息，可快速复建出被测目标的三维模型及线、面、体等各种图件数据。

（3）点云预处理。在实际的点云数据模型获取过程中，由于物体本身的遮挡、光照不均匀等，三维激光扫描设备对复杂形状物体的某些区域容易扫描为视觉盲点，形成孔洞；同时由于扫描设备测量范围有限，对于大尺寸物体或者大范围场景，不能一次性进行完整测量，必须经多次扫描测量，因此扫描结果往往是多块具有不同坐标系统且存在噪声的点云数据，所以需要对三维点云数据进行去噪、简化、配准以及补洞等预处理。

（4）点云降采样。使点云的密度在各个空间坐标上分布均匀的过程。

（5）点云去噪。去除点云数据中的噪声点和离群点。

（6）点云配准。对多视角下的点云数据进行拼接的过程。点云配准过程，就是求取两点云数据之间的旋转矩阵和平移矩阵，将源点云变换到与目标点云相同的坐标系下。

（7）点云分割。从复杂场景中分别提取出各物体，即将物体"分割"出来。

（8）点云识别。根据点集特征，通过算法得到物体类型。

（9）体素（volume pixel，voxel）。体素是体积像素的简称，是数字数据在三维空间分割上的最小单位，可以应用于三维成像、科学数据和医学成像等领域。包含体素的立体可以通过立体渲染或者提取给定阈值轮廓的多边形等值面表现出来。

1.2 变电站点云建模发展与现状

1.2.1 点云技术发展

变电站作为电力系统的核心组成部分,在实现电能转换和电力输送中起着重要作用,其维护和检测的有效性与电力系统的安全稳定运行密切相关。变电站的稳定运行可以保证人民正常的生产和生活。为了提升变电站稳定运行水平、适应日益复杂的变电站维护工作,智能变电站开始兴起并逐渐成为研究的焦点。一方面,对于智能变电站,可以通过计算机监控其各设备运行的状况;另一方面,智能变电站可提供三维场景,可视化效果更直观,管理人员可以通过三维模型更加方便快捷地了解变电站整体结构和部分细节,为变电站日常运维提供了极大便利。在建设智能变电站的过程中,关键的一步是建立高质量的变电站三维模型,还原变电站的真实场景。因此,变电站三维建模以及变电站的数字化管理已经成为未来智能变电站的发展方向,其不仅能够提高变电站的运维效率,而且能加快变电站重建和改建的速度,更好地保障人民正常的生产和生活。

目前已有许多专家学者对变电站的三维建模展开了研究并取得了许多成果。不同的国家针对变电站建模也提出了不同的标准。Quintana J 对电气设备三维模型的建立提出了四点要求。王菲等人使用二维图像来实现变电站的建模,即通过 YOLOv5 视觉检测算法来对变电站的关键部件进行识别,但该方法只能进行设备的识别,而无法实现电气设备的重建。Maas H G 等人采用参数基元库匹配的方法进行三维建模,但该方法对点云数据质量不敏感,模型精度受参数模板库中模型类别的影响较大。Sun L 等人提出了一种基于映射和二维图像的变电站三维模型的建立方法,该方法通过计算映射数据构建三维模型,避免了三维激光扫描仪采集数据量大、工作量大的缺点。王先兵等人通过将变电站三维模型和营运管理相结合,构成了三维虚拟数字可视化系统,解决了变电站二维方式不能展示立体信息的问题。

除此之外,复杂的工业场景为三维模型重建提出了更高的要求。张红春以数字工厂为建模对象,利用三维点云构建了精细化、高质量的三维模型,该方法对复杂三维对象的建模也有十分显著的效果。Pang G 等人提出了一种基于工业场景三维点云数据的自动建模和识别方法。在进行场景建模时,该方法首先将工作分为三个主要过程:管道建模、平面检测分类和物体识别,建模结果比较优异。

传统的三维建模方法在进行变电站设备建模时无法保证设备的尺寸、位置关系与实际场景一致,并且存在建模时间长、操作复杂、建模效率低和对环境要求高等情况。而随着三维激光扫描技术的飞速发展,三维图像处理逐渐成为人们研究的热点。相较于二维图像,三维图像的优势在于其可以表达空间中三个维度的数据,且其本身包含深度信息,可以充分实现图像中各物体之间的解耦,便于进行分割和识别工作。目前,三维点云是三维图像的主要表现形式之一。通过三维激光扫描仪，可以准确、快速地获取三维目标表面的空间点位信息，这些空间点位信息的集合称为三维点云。三维点云可以还原三维物体的表面信息，并且很好地保持了三维实体本身所具有的特征，因此被广泛应用于无人驾驶、古建筑保护、数字城市、地形探测、城乡规划、逆向工程和场景重建等领域。

Peng H 等人利用三维激光扫描仪获取变电站点云数据后，首先基于空间区域复杂度划分区域，其次利用迭代最近点（iterative closest point，ICP）算法对变电站点云进行配准，最后使用 Trimble RealWorks 和 3D Max 软件实现变电站场景建模和可视化，但是该方法无法实现变电站自动建模。Gonzalez A D 等人提出使用摄影扫描系统和激光雷达系统对变电站进行三维建模，该方法将摄影扫描系统获得的数据与激光雷达获取的数据集成，利用点云数据生成计算机辅助设计（computer aided design，CAD）模型，但该方法受到图像视野的限制，只能在有用户交互的情况下半自动生成 CAD 模型。Wu Q Y 等人通过检测变电站激光点云数据的内部拓扑结构，提取各种变电站设备，进而与数据库中的标准模板进行匹配，完成了变电站设备的识别，最终实现变电站重建，但该方法无法实现电气设备的自动识别。吴争荣等人提出了一种基于激光点云的变电站设备提取方法，该方法首先利用多尺度形态学滤波算法对点云数据进行聚类分割以分割出地面点云，其次基于点云的维度特征提取变电站设备，最后实现设备的建模，但该方法无法将附属电线、基座等设施进行分割。Liu Q L 等人利用地面三维激光扫描仪采集的变电所空间数据实现了三维空间建模，通过地面三维激光扫描仪快捷地从建筑物、物体等处获取复杂的几何数据，建立三角形网格生成三维表面模型。李杰等人研究了基于点云数据的自动曲面重建，实现了变电站设备三维模型的快速自动重建。

1.2.2　点云预处理方法

已有的三维点云物体预处理主要包括点云精简和点云去噪。使用三维激光扫描仪扫描获取的点云数据数量巨大，含有大量的冗余点，如果不提前对点云数据进行精简，会对后续的处理效率和提取特征产生极大影响。因此，应在不丢失大量细节特征的前提下对变电站设备点云数据进行精简。目前点云数据的精简方法可以分为两种：一种是基于三维空间划分的精简算法，如包围盒法、均匀采样法、三角形网格法等；另一种是基于点的精简方法，如随机采样法、曲率采样法等。

1. 基于三维空间划分的精简算法

基于三维空间划分的精简算法的核心思想是构建多边形网格，根据规定的原则判断网格是否冗余，最后删除冗余网格中包含的点来完成点云的精简。该算法的缺点是构造网格会消耗大量时间。Daniel F 等人提出利用包围盒法对点云数据进行精简，该方法是首先建立点云最小包围盒（oriented bounding box，OBB），其次根据分割精度将 OBB 划分成若干大小相等的小立方体，最后使用小立方体中心代表其内部的所有点，从而快速实现点云的精简，但该算法容易丢失点云密集处的特征点，不适用于分布不均匀的点云数据。Lee K H 等人提出非均匀网格法，该算法是划分网格直到每个网格中数据点的法矢偏差小于设定的阈值，虽然该算法时间复杂度较高但精简后的物体具有更好的几何特征信息。Chen Y H 等人提出将三角网格划分引入点云精简，即通过减少网格数量来实现对点云的精简。周波等人利用八叉树结构来完成点云数据的空间划分，然后将栅格内点云的法向夹角作为精简依据，只保留每个包围盒中与平均法向量距离最近的点，以完成对点云的精简。Li M L 等人提出一种可以保留物体特征的点云精简方法，该方法首先将点云数据体素化，然后根据点云法向量提取平面体素并进行删除，同时对非平面体素进行判断，保留点云的特征点。

2. 基于点的精简算法

基于点的精简算法是一种直接作用于点的精简方法，即不需要构建点云的拓扑结构，而直接对点云进行精简操作。Sun W 等人提出一种随机采样的方法来对点云数据进行精简，即对于需要精简的点云数据，首先创建一个包含点云所有数据点的随机函数，然后将该随机函数产生的随机数对应的点云数据删除，直到满足给定的精简率要求。由于该算法是用随机函数产生随机数，所以每次精简得到的数据都不相同。此外，采用随机采样法对原始点云进行精简，可能会出现空洞、缺失的情况，因此难以保证精简质量。Lee K H 等人提出一种均匀采样的方法，该方法随机初始化初始点，并以点到集合的最近距离为准则，实现对点云的精简。使用均匀采样法获取的采样点分布均匀，并且获取的采样点一般先分布在边界附近，但该算法在每次获取采样点时，都需要计算集合到集合的距离，时间复杂度较高。通常情况下，曲率可以体现点云表面的形状变化，一般曲率值较大的点所在的局部区域是目标具有尖锐特征的区域。基于这一特点，Han H Y 等人利用点云的曲率特征实现了点云精简，该算法首先提取点云中所有点的曲率信息并计算出所有曲率的平均值，然后根据设定的精简原则对点云进行精简，实现对点云的降采样。基于曲率特征的点云精简可以较好地保留三维目标中曲率较大的特征点，但是由于点云平坦区域曲率值较小，曲率采样法作用于该区域时可能会将该部分点云全部删除，从而造成点云空洞。

1.2.3 点云去噪方法

在使用三维激光扫描仪扫描变电站场景时，由于三维激光扫描仪本身的缺陷、测量时所在环境的干扰、变电站设备本身的材质等原因，获得的点云数据不可避免地包含噪声点。噪声点的存在会影响后续点云数据的处理，所以需要进行去除。现有的噪声点去除方法主要可以分为两类：基于统计的滤波技术和基于邻域的滤波技术。

1. 基于统计的滤波技术

由于统计概念适用于点云的性质，许多学者在研究点云滤波时引入了统计学方法。高斯滤波是一种常用的滤波方法，该方法计算兴趣点和其邻域之间的欧式距离，并根据距离确定高斯权重，以此来过滤离群点。在中值滤波中，通常是首先在一个窗口内对点云数据进行扫描，其次把窗口内的数据点按其中一个坐标方向值进行排序，最后把排序后中间数据点的方向值作为窗口输出时的对应方向坐标。Avron H 等人将 L1-稀疏范式引入点云滤波算法，该算法利用加权 L1 最小化残差函数及局部平面度准则来对点云进行滤波以保留尖锐地区特征，尽管这种方法可以得到合理的结果，但有时边缘上的点并不能准确地得到恢复。张芳菲等人利用 K-D 树算法组织点云数据，然后计算噪声点与其邻近点距离的正态分布函数，该方法可以过滤掉孤立的噪声点云。

2. 基于邻域的滤波技术

基于邻域的滤波技术利用点与其邻域之间的相似性度量来进行去噪。Tomasi C 等人将双边滤波从二维图像滤波扩展到三维点云滤波中，双边滤波器可以看作一个能保留边缘的平滑滤波器，其可以保留点云的细节特征，但是该算法对离群点去噪效果不是很理想。曹爽等人通过对点邻域的分析将点云数据分为特征点和非特征点，同时避免了双边滤波算法易过度光滑的缺点，但是该算法不适用于电气设备等形状复杂的三维目标。宋阳等人提出了一种改进的 C 均值聚类算法与传统双边滤波算法结合的去噪算法，该算法将噪声分类为大尺度噪声和小尺度噪声并进行处理，但是该算法运行速度较慢。

1.2.4 点云分割方法

1. 大场景分割

在实现变电站自动建模的过程中，由于变电站场景十分复杂，直接在变电站场景点云中自动识别出各类设备是十分困难的。因此，在删除掉变电站场景点云的冗余点和噪声点后，为了能对单个电气设备进行处理，需要对去噪后的点云进行聚类分割，以获取独立的电气设备进行处理。目前，点云分割方法主要包括随机采样一致性（random sample consensus，RANSAC）分割、欧式聚类分割、密度聚类（density-based spatial clustering of applications with noise，DBSCAN）分割和区域生长分割等。由于变电站激光点云数据数量巨大，变电站设备形状不规则，电线、基座等附属点云数据与主体设备粘连，特征区分不够明显，给分割工作带来了极大困难。

方彦军等人提出了一种基于随机森林的变电站分割方法。对于获取的变电站场景，该方法首先将点云空间转换到体素空间，其次将密度相似的体素进行合并，最后使用随机森林方法对边缘点进行分类，将设备边缘进行合并，以完成单个电气设备的分离。Arastounia M 等人对变电站中的变压器进行了提取识别。为了实现对变压器的提取，该方法提出六种策略来实现对围栏、电缆、断路器、套管和母线管的识别，然后根据 RANSAC 算法实现对变压器的分类识别，但该方法仅适用于较为简单的变电站场景，在复杂场景中表现较差。Guo J 等人提出了一种高效的、基于体素的变电站场景分割方法。在分割过程中，该算法首先根据高程差异去除地面点云，其次在水平方向上进行切片、聚类，再次使用垂直层次聚类对不同高程间隔的聚类结果进行重新聚类，最后完成对大场景的分割，但该算法的聚类过程是在没有去除电线的前提下进行的，所以分割准确率不高。Vanegas C A 等人针对曼哈顿式建筑的大规模三维点云提出了一种有效点自动分割提取方法，但该方法的适用对象仅限于棱角分明的建筑物体。Wang H Y 等人利用隐含形状模型描述物体，借助霍夫森林架构对城市点云图像进行分块检测，并提出了循环投票和距离权重投票机制。Douillard B 采用几何特征进行分割，这类方法对点云模型的要求极为严格，当其应用于粗糙实物点云时，容易产生过分割的问题。

2. 附属设施分割

附属设施分割的主要任务是根据一定聚类准则对初始点云集合进行聚类，进而将附属基座、电线点云等从电气设备中分离出来。目前，三维点云的分割方法主要可以分为五类：基于边缘的分割方法、基于区域增长的分割方法、基于模型拟合的分割方法、基于聚类的分割方法和基于深度学习的分割方法。

（1）基于边缘的分割方法。基于边缘的分割方法是将分割二维图像的方法直接应用于三维点云，该方法根据点云表面属性检测出边缘点，然后对边界点进行分组，进而实现原始点云分割。Jiang X Y 等人提出了一种基于扫描线的点云分割方法，该方法提取距离图像中的扫描线作为基本分割基元，通过对扫描线进行聚类实现三维模型的分割，这种方法计算量较小，但仅适用于距离图像。Sappa A D 等人提出了一种从二值边缘图中提取点云边界的方法，该方法可以将密度不均匀的点云数据快速分割。当点云场景相对简单时，基于边缘的分割方法可以实现对点云数据的快速分割，但是该方法对噪声、密度比较敏感，不适用于密集或者大面积点云数据集。

（2）基于区域增长的分割方法。基于区域增长的分割方法通过合并特征相似的点或区域来获得多个分割区域，这些区域之间差别很大。相较于基于边缘的分割方法，基于区域增长的分割方法对于噪声较多的场景表现更出色。Besl P J 于 1988 年首次提出基于区域增长的分割算法，该算法主要分为两个步骤：第一，提取图像中每个点的曲率信息，确定种子点，并设置曲率阈值；第二，根据区域生长准则从种子点处生长，最终完成图像分割。但这种方法在进行点云分割时对于噪声敏感且比较耗时。针对算法耗时较长的问题，杨琳等人提出将点云体素化，用体素代表点云中的点来提高生长效率，但是该分割方法无法分割点云边缘。Vo A V 等人使用八叉树组织点云，提出了一种基于体素的改进区域增长算法，并成功将点云场景中的建筑物分割出来，但该方法仅限于棱角分明的物体。李仁忠等人提出了一种改进的区域生长分割方法。该方法主要是通过估计点云数据的曲率大小，将曲率最小点设置为种子节点，即从点云数据最平坦的区域开始生长，从而减少分段总数；然后根据点云数据的局部特征确定生长准则，从而实现点云数据的分割。但这种方法对于阈值的设定是人工进行的，无法根据分割对象的点云特征来自动设定，因此在变电站设备复杂的场景中很难将电线和基座有效地分割出来。

（3）基于模型拟合的分割方法。基于模型拟合的分割方法的核心思想是将点云与不同的几何形状（如圆柱、正方体、球和平面等）进行拟合。最常见的模型拟合算法主要分为两类：霍夫变换（Hough transform，HT）算法和 RANSAC 算法。HT 算法是图像处理领域的一种经典特征检测算法，于 1972 年被 Richard D 和 Peter H 提出，其核心思想是将原始空间中的样本映射到离散化参数空间中，然后通过累加器对每个输入样本进行投票。张景蓉等人利用三维 HT 拟合圆柱体，成功将流程工厂中的管道点云分割出来。韩天哲对经典 HT 做出了改进，提出将扫描线加入经典 HT 中，极大地加快了算法收敛速度，并成功将建筑屋顶的球状建筑分离出来。RANSAC 算法是另一种模型拟合算法，该算法主要包括两个步骤：第一，从随机样本生成假设；第二，验证假设。基于图形处理单元（graphics processing unit，GPU）的 RANSAC 算法可以快速准确地分割出平面模型。Chen D 等人提出了一种改进的 RANSAC 算法来分割屋顶，该算法保持了基元之间的拓扑一致性，有效地避免了欠分割和过分割的情况。

（4）基于聚类的分割方法。基于聚类的分割方法的核心思想是将点云场景中一种或多种属性相似度较高的点或区域聚成一类，常见的聚类方法包括 K-means、谱聚类和模糊聚类等。Sampath A 提取建筑屋顶点云的法向量作为聚类条件，利用 K-means 实现了多面建筑屋顶点云的分割。Rabbani T 等人使用平滑约束的算法对工业场地三维点云数据进行了分割。然而，这项工作的重点仅限于对平滑连接区域的分割，而不单独识别站点中的对象。Polewski P 等人利用约束随机场景来提高分割落下的树茎的三维点云数据。由于落下的树茎的位置是固定的，都在地上，而变电站设备的附属设施的位置是不固定的，所以这种算法无法适用于分割电线或者基座。王晓辉等人提出了一种点云特征线提取方法，并引入优化的模糊 C 均值聚类算法对点云场景进行聚类，对于棱角分明的点云，该方法可以取得非常好的效果。刘洋提出了一种基于格网特征的高压电塔提取方法，当电线数据与设备本身在空间上不存在叠加时，该算法可以快速地将电塔提取出来。王雅男等人提出了一种改进局部表面凸性算法中邻近点关系的方法，该方法旨在解决处理复杂环境散乱点云时存在的分割过度和分割不充分的问题。该方法是通过主顶点与周围点构成连通集，通过判断连通集的特征来决定其是否为局部的子点集，最终形成有效的分割区域。这种方法针对凸面体有很好的分割效果，但对于非凸面体造型的变电站设备附属电线和基座的分割效果不好。

（5）基于深度学习的分割方法。基于深度学习的分割方法被广泛应用于无人驾驶、智慧城市等领域中，比较经典的就是使用三维滤波器来训练一个卷积神经网络，该方法可以取得较好的分割效果，但是其训练数据以及卷积核是三维数据，对算力要求极高，从而极大地影响了分割效率。Charles 等人提出了第一个直接处理点云数据的神经网络算法 Point-Net，该方法先将点云投影到特定视角，然后进行处理，较好地实现了点云场景的分割任务。但该方法获取的是点云的全局特征，忽略了点云的局部特征。

1.2.5 点云识别方法

三维点云识别就是根据提取的特征向量从模板库中筛选出相似度最高的目标，一般包括特征表达和特征匹配两个步骤。目前，三维识别算法主要分为两种：基于形状的识别方法和基于特征的识别方法。

1. 基于形状的识别方法

基于形状的识别方法的主要思想是提取点云的整体形状信息，如体积、投影面积、高程信息等，然后进行目标识别。Besl P J 和 Mckay H D 最先提出了一种通过精确配准来识别三维物体的方法，这种方法简称为 ICP 配准法。ICP 配准法就是通过不断迭代进行匹配，以寻找匹配度最高的样本作为分类结果。该方法能较准确地进行配准识别，但对于海量数据，因为配准速度慢而导致识别效率较低。通过 ICP 算法进行点云的配准识别，识别度较高，可以有效地解决三维点云数据的配准识别问题，但由于配准速度较慢，当数据量较大时识别效率很低。窦本君等人提出利用滚圆法提取点云降维后投影图的轮廓特征，然后利用该特征进行预识别后再用 ICP 算法进行识别。

2. 基于特征的识别方法

基于特征的识别方法通过提取的点云特征来计算测试集和模板之间的相似程度，进而判断出测试集的类型。Mian A S 等人提出了一种新的基于 3D 模型的算法，实现了自动获得分类模板库。其中，对象的 3D 模型自动从它的多个无序范围的图像中构建离线模板库，然后进行相似度计算，实现在线识别。Smeets D 等人将 meshSIFT 算法应用于三维人脸识别。三维人脸表面的凸点被检测为尺度空间中的平均曲率极值点。每个突出点附近的形状指数和倾斜角度作为特征向量进行匹配，从而改善了识别系统的鲁棒性。Lowe D G 提出了一种从图像中提取独特的不变特征，进而执行可靠对象或不同场景视图之间匹配的方法。Xiao G 等人利用区域的表面特性和刚性形状对齐对象的表面，实现三维表面的识别。Guo Y L 等人通过旋转投影特征点的邻域点到二维平面，提出了一个分层的三维物体识别算法。郭维滢提出了一种利用子空间特征来实现电气设备识别的方法，该方法将体素方格的重心与点云重心连线夹角的余弦值作为特征，使用 K 近邻（K-nearest neighbor，KNN）算法实现对三维目标的识别。当变电站设备点云比较完整时，该方法识别率较高，但在点云缺失较多的情况下该方法误差较大。除了基于点云对象几何特征的识别方法之外，也可以使用点云描述子对三维目标进行识别。常见的点云描述子主要分为全局描述子和局部描述子。点云的全局描述子是对三维目标的整体描述，典型的点云全局描述子包括视点特征直方图（viewpoint feature histogram，VFH）、群集视点特征直方图（clustered viewpoint feature histogram，CVFH）、全局快速点特征直方图（global fast point feature histogram，GFPFH）、全局基于半径的曲面描述子（global radius-based surface descriptor，GRSD）。基于全局描述子的三维目标识别方法首先需要提取点云全局描述子，其次用提取的全局描述子代表该点云模型与每一个模板的特征描述符进行匹配，最后找到相似度最高的模板作为识别结果。在点云不存在缺失、遮挡的情况下，该方法可以取得较好的效果。相反，局部描述子只描述某点邻域内的特征，常见的点云局部描述子包括点特征直方图（point feature histogram，PFH）、快速点特征直方图（fast point feature histogram，FPFH）、方向直方图特征（signature of histogram of orientation，SHOT）、旋转投影统计信息（rotational projection statistics，RoPS）等。基于局部描述子的点云识别方法首先需要提取点云关键点，其次在每个关键点邻域内计算该点的局部描述子，最后用所有关键点的局部描述子代表该点云模型与模板进行匹配，实现三维目标识别。基于局部描述子的点云识别方法在点云存在缺失时仍然可以取得较好的效果，然而该方法是在局部区域内计算点的特征，因此当场景包含较多噪声时表现较差。

1.3　变电站建模整体流程

在获取点云数据后，首先应对其进行预处理（点云精简和点云去噪），得到合理的点云数据。在预处理之后，需要建立模板库，并且需要将单个电气设备从整个变电站场景中独立出来，然后实现单个电气设备的电线分割，同时识别出该设备的具体型号。此外，在识别出该设备型号的同时，需要确定该设备在原变电站场景中的位置及方向角度信息以实现变电站的重建。最后，开发配套软件实现变电站点云的自动建模。综合以上信息，变电站三维点云建模整体流程如图 1.1 所示。

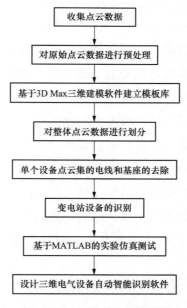

图 1.1　变电站三维点云建模整体流程

第 2 章

变电站点云数据预处理

2.1 数据获取

三维激光扫描测量技术是一种集光学、机械、电子计算机等技术于一体的新型测量技术，它的出现提供了一种高效率、高分辨率、高精度的三维空间信息获取方式。利用三维激光扫描测量技术能从复杂实体或实景中重建目标的全景三维数据及模型。

利用三维激光扫描仪获取的变电站点云数据的特点主要有：

（1）数据的海量性。三维激光扫描测仪最快可以以每秒上百万点的测量速度获取目标表面比较完整的三维坐标，能够快速把变电站表面的三维信息比较完整地转换成计算机可以直接读取并进行处理和输出的点云数据。

（2）数据的不均匀性。由于通过三维激光扫描仪对变电站进行扫描时，三维激光扫描仪的位置固定，因此距离三维激光扫描仪近的位置的变电站点云数据将变得稠密，而距三维激光扫描仪远的位置的变电站点云数据将变得稀疏。

（3）坐标系的随意性。由于变电站属于大场景，因此需要放置不止一个三维激光扫描仪对变电站进行扫描，但三维激光扫描仪的位置设置具有一定的随意性，各三维激光扫描仪之间的坐标系关系未知，因此在完成测量后，需要对各三维激光扫描仪的坐标系进行统一。

（4）数据的散乱性。利用三维激光扫描仪扫描得到的变电站点云数据，一般是无序的散乱点。为了方便后续的操作，需要对点云数据进行组织，常用的点云数据结构包括均匀格网结构、K-D 树和八叉树结构等。

（5）噪声的多样性。由于在测量过程中受各种因素的影响，得到的变电站点云数据中可能包含非变电站表面的无用数据和离群噪声；同时，变电站表面的特征可能导致在测量过程中产生毛刺噪声。这些噪声点都会对后续的研究带来很大的影响。

（6）数据的信息量丰富。三维激光扫描仪不仅可以获取变电站表面的三维坐标信息，而且可以获取测量物体的色彩信息以及物体的回光强度和放射率等特有信息。

三维激光扫描测量技术可以避免变电站现场人工采集数据的危险性，降低数据采集的时间和工作量。由于利用三维激光扫描仪获取的点云数据具有海量性等特点，使用点云数据前，需要用专业软件对其进行处理，但处理耗时长且过程复杂；同时，基于点云建立的模型精度一般为毫米级甚至更低，精度不能满足部分应用领域的测量要求。因此，有必要对变电站点云数据进行处理，以提高海量数据的存取速度和精度。变电站点云数据处理的第一步预处理，其主要包括四个基本环节：数据组织、多站拼接、简化压缩和去噪光顺。

2.2 数据组织

利用三维激光扫描仪得到的变电站点云的每个点单独看起来是没有任何意义的，只有和邻域点联系起来才有意义，因此需要对散乱的点云数据进行组织，建立点与点之间的拓扑关系，以得出某个点在其邻域的一些局部特征，如法矢和曲率等信息。对这些局部特征进行计算，是点云数据处理中一些后续算法的基础。

利用三维激光扫描测量技术获取的变电站点云数据如果按照文件存放，文件大小一般在百兆字节（MB）至吉字节（GB）量级。若想有效、快速地对如此大体量的数据进行操作，就必须对数据进行合理地存放与读取。点云的存储格式主要分为 ASCII 格式和二进制格式两种类型。以 ASCII 码格式存储，数据查看比较方便，读写操作容易且兼容性好，但占用的存储空间一般比较大；以二进制格式存储，数据保密性好，节省空间且数据导入导出比较高效，但为了跨平台处理一般需要文件解码。

为了得到点的法矢和曲率等信息，需要搜索点的邻域内的点。如果直接在整个点集中进行搜索，由于变电站点云数据的海量性，将会消耗大量的时间在查询上，因此这种方式是行不通的。对于散乱点云中的某一点，离它远的点对它的局部信息影响小，离它近的点对其邻域信息的计算贡献大，因此需要采用近邻搜索算法，寻找某点的 K 近邻。在寻找 K 近邻的过程中，若能事先对变电站点云数据进行分块，对其建立某种数据组织结构，那么在寻找的过程中，只需先找到某点所在的数据块，然后找到该数据块相邻的数据块，在这些数据块中对该点的近邻点进行搜寻，便能大大减少搜寻的时间，从而实现近邻点的快速查找，以及对该点的法矢和曲率等局部特征的高效计算。

常见空间索引一般是自顶向下逐级划分空间，代表性的空间索引结构包括：BSP 树、K-D 树、K-D-B 树、R 树、R＋树、CELL 树、四叉树和八叉树等索引结构。点云数据常用的数据组织方式包括均匀网格结构、K-D 树和八叉树结构。

均匀网格结构将空间划分为一个个的体素，所有体素都具有相同的尺寸，每个体素具有各自的索引信息，并且内部含有一定数量的点，但该结构依据点云的包围盒对点云进行划分，会产生大量的空体素（体素中不包含任何点），从而浪费大量的存储空间，没有利用点云数据在空间分布的信息，因此不具有自适应性。

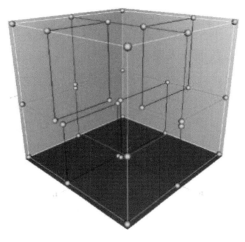

图 2.1　三维点云的 K-D 树分割

K-D 树是计算机科学中使用的一种数据结构，用来组织表示 K 为空间中点的集合，是一种带有其他约束条件的二分查找树。除叶节点外，所有节点被一个超平面分割成两个子空间，每个子空间又以相同的方式递归地进行分割。K-D 树的分割是沿坐标轴进行的，所有的超平面都垂直于相应的坐标轴。如图 2.1 所示，若沿 x 轴分割，由于超平面的法矢方向与 x 轴方向一致，因此给定一个固定的 x 轴，即可确定一个超平面；将原节点空间分割成两个新的子空间，位于左子空间中点的 x 值都小于位于右子空间中点的 x 值。K-D 树的查询有两种基本的方式：范围查询和 K 近邻查询。范围查询需要给定查询点和查询距离的阈值，从点云数据中找出所有与查询点距离小于阈值的点集。K 近邻查询需要给定查询点以及一个正整数 K，代表从点云数据中找到距离查询点最近的 K 个数据。当 K＝1 时，表示最近邻查询。K-D 树在邻域查找效率方面有较大的优势，但在面对海量数据时，对点云数据进行邻域关系的构建将消耗大量的计算资源，点数越多划分的层次也越多，并且当对数据进行增加或删除时，会导致 K-D 树结构的变化。

八叉树是对点云数据进行组织的另一种常用数据结构。八叉树对三维空间的几何实体进行体素剖分，每个体素具有相同的时间和空间复杂度，对 $2^n \times 2^n \times 2^n$ 的三维空间的几何对象通过循环递归的划分方法进行剖分，从而可以构成一个具有根节点的八叉树，最多可以划分 n 次。图 2.2 所示为三维点云的八叉树分割。八叉树分割的终止条件可以是最小体

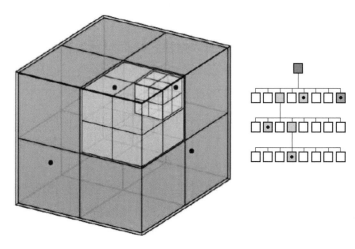

图 2.2　三维点云的八叉树分割

素尺寸、预定义树的最大深度和每个体素所包含的点的最大数目等。通过八叉树划分方法，可以将场景内的每个数据点分配到相应的体素中去，通过搜索路径可以很容易找到某一体素所在的空间位置，并获得其父节点和兄弟节点，进而实现快速的 K 近邻查询，这使得八叉树结构十分适合基于外存的海量点云数据管理。另外，八叉树仅保存包含数据的体素，比较节省存储空间，点云数据与八叉树结构相对独立，数据的添加和删除比较方便。

2.3 多站拼接

由于变电站属于大场景且内部情况复杂，电气设备和电线之间相互遮挡，仅使用一台三维激光扫描仪在单点位置对变电站进行扫描，获取不到完整的变电站点云信息，因此为了对变电站整个场景进行完整的扫描，需要用多台三维激光扫描仪在多点对变电站场景进行扫描，然后对每台三维激光扫描仪获取的变电站点云片段进行配准结合，从而得到完整的变电站点云数据。针对多站激光点云的拼接配准技术的研究一直是地面三维激光扫描数据预处理的研究热点，其高精度和自动化是研究的重点。

现有的点云数据拼接方法按照拼接精度主要分为粗拼接法和精拼接法两类。

2.3.1 粗拼接法

粗拼接的目的是确定一个初始的坐标变换模型，将不同坐标系下的点云大致统一到一个全局坐标系下，适用于精度要求不是很高的场合，或为精拼接提供一个良好的初始值。现有的点云粗拼接方法可分为人工干预粗拼接法和自动粗拼接算法两类。人工粗拼接法主要有人机交互手选同名点对、人工布设辅助标识和扫描仪设站测量等；自动粗拼接算法主要有基于点云数据块的整体统计特征和基于点云局部曲面特性等寻找两站数据的相似性区域。

2.3.2 精拼接法

经典的点云精拼接法有两种，分别为 ICP 算法以及正态分布变换（normal distribution transform，NDT）算法。

1. ICP 算法

ICP 算法最初应用于图像配准中，现在已被广泛应用于点云数据拼接中。ICP 算法不断地重复进行"确定对应关系的点集—计算最优刚体变换"的过程，直到收敛条件被满足。ICP 算法的基本原理为：求解两组点云数据重叠区域内源点云 P 与目标点云 Q 之间的空间变换，使两组点云模型之间的距离最小。设 $E(\boldsymbol{R}，\boldsymbol{T})$ 为源点云 P 在变换矩阵（$\boldsymbol{R}$，$\boldsymbol{T}$）下与目标点云 Q 之间的误差，称 $E(\boldsymbol{R}，\boldsymbol{T})$ 为目标函数，其中 $\boldsymbol{R}$ 为旋转矩阵，$\boldsymbol{T}$ 为平移矩阵，则求解最优变换矩阵的问题可以转化为满足 $minE(\boldsymbol{R},\boldsymbol{T})$ 的最优解 $(\boldsymbol{R},\boldsymbol{T})$。$E(\boldsymbol{R},\boldsymbol{T})$ 可用式（2.1）表示：

$$E(\boldsymbol{R},\boldsymbol{T}) = \sum_{i=1}^{n} \| Q_i - (P_i\boldsymbol{R}+\boldsymbol{T}) \|^2 \qquad (2.1)$$

通过最小化目标函数来求解最优变换矩阵 $(\boldsymbol{R},\boldsymbol{T})$ 的具体步骤为：

（1）计算源点云 P 中的每个点在目标点云 Q 中的最近点。

（2）利用奇异值分解（singular value decomposition，SVD）计算旋转矩阵 $\boldsymbol{R}$ 和平移矩阵 $\boldsymbol{T}$，使得目标函数 $E(\boldsymbol{R},\boldsymbol{T})$ 最小。

（3）对源点云 P 通过求得的旋转矩阵 $\boldsymbol{R}$ 和平移矩阵 $\boldsymbol{T}$ 进行旋转和平移变换，得到新的对应点集 P'。

（4）计算新的点集 P' 与目标点云 Q 之间的平均距离 d。d 可用式（2.2）表示：

$$d = \frac{1}{n} \sum_{i=1}^{n} \| P_i' - Q_i \|^2 \qquad (2.2)$$

（5）如果平均距离 d 小于给定的阈值或大于预设的最大迭代次数，则停止迭代计算。否则返回步骤（1），直到满足收敛条件为止。

2. NDT 算法

NDT 算法于 2003 年被提出，当时主要用于二维平面点云数据之间的匹配。2006 年，NDT 首次被用于三维空间，并基于此提出了 3D-NDT 算法，使得 NDT 算法突破了维度的限制，能够适用于利用机器人采集的点云数据的配准。NDT 是一种统计学模型。如果一组随机向量满足正态分布，那么概率密度函数可用式（2.3）表示：

$$P(x) = \frac{1}{(2\pi)^{\frac{D}{2}} \sqrt{|\boldsymbol{\Sigma}|}} e^{\frac{(x-\boldsymbol{\mu})^{\mathrm{T}} \boldsymbol{\Sigma}^{-1}(x-\boldsymbol{\mu})}{2}} \qquad (2.3)$$

式中：D 为维数；$\boldsymbol{\mu}$ 为均值向量；$\boldsymbol{\Sigma}$ 为随机向量的协方差矩阵。

NDT 算法能够通过概率的形式描述点云的分布情况，这种形式有利于减少配准所需要的时间。NDT 算法的具体步骤为：

（1）网格化目标点云。利用立方体将激光点云所在的空间栅格化，使激光点云处于相应的立方体中。

（2）目标点云划分好后，求出每一个网格内的正态分布概率密度函数。其中，网格太大或太小都有风险，因此一般保证网格内至少有 5 个点。

（3）求出源点云相对目标点云的初始坐标变化参数，即旋转矩阵 $\boldsymbol{R}$ 和平移矩阵 $\boldsymbol{T}$。该步骤是为步骤（4）中变换参数的迭代提供距离最优点较近的初值。

（4）对源点云进行初始坐标转换，并计算在目标点云网格中的概率。源点云是根据步骤（3）求出的，将其坐标转换到目标点云网格上，转换后的源点云坐标对应所在网格的正态分布概率密度函数，然后求出转换后激光点坐标的概率。

（5）将每个点云的概率乘积作为目标似然函数。概率乘积最大时的似然函数，就是最优的坐标转换，如公式（2.4）：

$$-\log\varphi = -\sum_{k=1}^{n}\log P\big[T(\boldsymbol{t},x_k)\big] \tag{2.4}$$

式中：$-\log\varphi$ 为最大似然函数的负对数形式，这种形式是为了之后的求导方便；$P(\cdot)$ 为概率密度函数；$T(\boldsymbol{t},x_k)$ 为点云的空间变换函数，其中 $\boldsymbol{t}$ 为坐标变换向量，x_k 为点云的第 k 个点。

（6）利用牛顿迭代法，找出最优变换参数完成点云配准。

将 ICP 算法和 NDT 算法进行对比可以发现：ICP 算法可以获得非常精确的配准效果而不必对处理的点集进行分割和特征提取，同时有较好的初值时，可以得到很好的算法收敛性。但是，ICP 算法在搜索对应点的过程中，计算量非常大，且收敛域小，运行速度慢；同时，因为标准 ICP 算法中寻找对应点时，认为欧式距离最小的点就是对应点，这种假设也会生成错误的对应点。而 NDT 算法不仅拥有更好的鲁棒性，而且算法效率较高。

2.4 简化压缩

由于三维激光扫描设备的测量速度非常快且扫描范围广，得到的原始激光点云数据量很大，因此对海量数据进行存储和处理是一个很难突破的瓶颈。并不是所有的数据点对模型重建都有用，如果直接对海量点云进行重建，会因为数据量密集而影响处理效率，使得整个建模过程很难控制。因此，有必要在保证精度且保持模型特征的前提下减少扫描数据量，以达到缩小信息存储量、提升处理速度并能保证几何造型和加工精度的目的，这需要对点云数据进行简化压缩处理。

目前点云数据的简化压缩方法主要分为可保持特征的简化法和不能保持特征的简化法两类。

（1）可保持特征的简化法主要有曲率采样法。曲率采样法的原则是对小曲率区域保留少量的点，而对大曲率区域则保留足够多的点，以精确完整地表示曲面特征。曲率采样法是一种根据物体的几何特征，对测量数据点云进行精简的方法。该类方法能较准确地保持曲面特征并有效减少数据点，但其缺点主要是处理效率较低。

（2）不能保持特征的简化法主要有简单采样法、网格采样法和角度法等。简单采样法是一种较为常用的方法，其主要是通过均匀采样、随机采样或按距离采样等方式实现数据简化；网格采样法是通过保存均匀网格或八叉树网格等的重心点（距离网格中心最近的点）实现数据简化，其采样结果分布均匀，结果的点数等于网格的个数；角度法的基本原理是选取点云数据中的相邻三点，根据中间点与相邻两点连线间的夹角与阈值比较进行数据筛选。该类方法具有简单易行、效率高等优点，但其共有缺点是对特征不敏感，不能有效保持特征。

2.5　去噪光顺

三维激光扫描测量得到的激光点云数据不完全是有效数据，还包含了遮挡点、错误点等噪声点以及测量随机误差点等。例如，由于激光入射角过大而得到的错误结果，人工很难剔除干净，需要通过一定的算法将之有效剔除；再如，对某较光滑的面进行扫描，如果面上有一些细小的边缘特征（如贴上了某些具有一定厚度的标志），扫描结果中边缘特征处就容易出现"毛刺"等不平滑噪声。由于激光点云采用无合作目标测距方式，测量结果必然包含较大范围的随机误差。这需要在保持物体原有特征的前提下进行去噪光顺处理。

在激光点云中，由于孤点和离群点等大噪声点存在"离群"特性，一般比较容易去除，可将其作为"去噪"的研究对象；毛刺点等小噪声点通常与突变特征具有某种几何上的相似性，需要在光顺与特征保持之间做有效的权衡，可将其作为"光顺"的研究对象。在实际处理过程中，明确判定特征和噪声是非常困难的，特征保持和噪声去除是一对相互矛盾的过程。从数据处理角度讲，对于某一小块数据，大噪声一般仅占很小一部分，小噪声分布在较小的范围内，如果噪声过多、过大，则说明测量结果数据不正确，从而无法进行有效处理。

（1）对于孤点和离群点等大噪声点，常采用统计滤波器或半径滤波器等进行去除。统计滤波器对每个点的邻域进行统计分析，剔除不符合一定标准的邻域点。若扫描得到的点云数据集为：$S=\{p_i, i=1, 2, \cdots, n\}$，则统计滤波器的去噪步骤为：

1）求每个点 p_i 的 $K-1$ 个邻近点集。

2）计算 p_i 到其 $K-1$ 个邻近点集的欧式距离，求 $K-1$ 个欧式距离的平均值，记为该点的 K 邻近点距离 d_i。

3）计算所有 p_i 的 K 邻近点距离均值 $\mu=\dfrac{1}{N}\sum\limits_{i=1}^{N}d_i$ 和标准方差 $\sigma=\sqrt{\dfrac{1}{N}\sum\limits_{i=1}^{N}(d_i-\mu)^2}$。

4）通过均值和标准方差共同决定阈值 $\varepsilon=\mu+k\sigma$，其中 k 是标准差的倍数，当点的 K 邻近点距离比阈值 ε 大时则判断其为噪声点。

（2）由于小噪声点与物体表面数据比较接近，一般是正确数据中包含细小的误差，如果直接去除可能会导致表面数据产生空洞，因此对小噪声点的处理一般采用调整的方式，但有些情况下也采用将其删除的方式。现有的点云光顺方法很多是在图像降噪处理方法的基础上发展而来的，根据算法的最初应用对象可将其归纳为针对点云三角网化数据（有序或部分有序点云数据网、结构化后的点云数据）和直接针对散乱点数据两种类型。

1）针对点云三角网化数据的光顺方式主要有拉普拉斯法、平均曲率流法和双边滤波法等。这些方法主要利用三角网各顶点的一层邻域顶点、一层邻域三角形或二层邻域三角形等空间邻域信息或法矢、曲率等表面属性信息对顶点进行调整。在建立散乱点的邻近关系、计算法矢及曲率信息的基础上，针对三角网数据的光顺方法，事实上也可以应用到激光散乱点云光顺中。

2）针对散乱点数据的光顺方法主要有均值偏移法（MeanShift）、小波变换法和局部曲面逼近法等。这些方法主要通过恢复点之间的邻近关系，寻找各个点周围的邻近点进行局部表面分析，利用聚类或拟合面对比等方式将点沿一定方向向聚类中心或局部拟合面调整。针对散乱点数据的光顺方式离不开点间邻近关系的确定，因此导致的低效率问题不可避免。

第 3 章

电气设备点云提取

3.1 分割方法

变电站中不仅有大量的电气设备，还有错综复杂的电力电缆，这些电缆将独立的电气设备连接起来，从而导致获取的变电站点云数据也非常复杂。如果直接在原始的变电站点云上进行操作，那么对电气设备的识别和建模将变得十分困难。因此，先将每个单独的电气设备点云从变电站的原始点云中提取出来，有利于提高后续识别和重建作业的效率和准确性。由于变电站中不同电气设备的结构差别很大，因此采用统一的方法很难有效地分割出所有的电气设备。传统的变电站电气设备提取方法是使用一些开源的 3D 建模软件，如 3D Max 和 Geomagic，从原始变电站点云数据中手动分割每个电气设备。

三维激光扫描仪获取一个变电站的点云数据后，可以利用这些点云数据建立变电站的三维模型。在变电站建模领域，常用的建模方法往往是人工对点云数据和真实的 CAD 模型进行对比，从而完成对变电站的建模。但是，由于变电站电气设备结构复杂且种类繁多，采用人工对比的方法，工作难度大，且对于相似的设备可能会造成设备类型的误判。目前，针对变电站场景分割的研究相对较少。对变电站点云数据进行建模，主要有两种思路：一种是利用算法提取出变电站点云数据中的电线数据，将电线数据从变电站整体点云数据中去除，对余下的点云进行聚类，从而得到每个独立的电气设备点云；另一种是直接设计算法对变电站点云数据中的电气设备点云进行提取，但是提取的电气设备点云结果可能粘连了一部分电线点云和设备基座点云，需要进一步对其进行去除。

为了提高变电站点云场景的分割效率，可将分割过程分为两个阶段：粗分割阶段和细分割阶段。在粗分割阶段，选取初始种子体素，并设置密度阈值，若种子体素的 6 邻接体素满足生长条件，则将其加入种子堆栈，继续选取下一个种子体素进行生长，直到种子堆栈中的所有体素都被访问。至此，可得到所有的电气设备点云聚类结果。但是，由于在粗分割阶段，密度阈值被设定为固定值，因此一些稀疏地方的设备点云将不能被有效地聚类进来。所以，在细分割阶段，需要进一步对电气设备点云的聚类结果进行完善，才能得到完整的电气设备点云。

3.2 分割流程

以图 3.1 所示的某 500kV 变电站的不同电气设备点云为例进行分割，变电站内的电气设备可分为两类：单段设备 ［图 3.1（a）～（f）］和三段设备 ［图 3.1（g）］。单段电气设备的上端通过电线与其他电气设备相连，而三段设备的三部分之间通过连接杆相连。采集到的变电站点云中，共有电气设备 39 个，其中单段电气设备 33 台，三段电气设备 6 台。

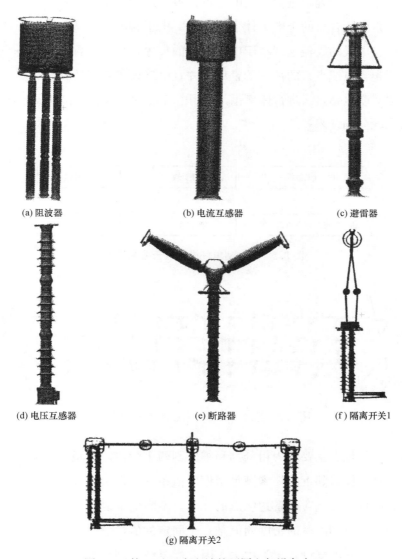

(a) 阻波器   (b) 电流互感器   (c) 避雷器

(d) 电压互感器   (e) 断路器   (f) 隔离开关1

(g) 隔离开关2

图 3.1 某 500kV 变电站的不同电气设备点云

变电站电气设备点云分割流程如图 3.2 所示。首先由三维激光扫描仪对变电站进行扫描，获取变电站的原始点云。由于环境干扰等因素，变电站的原始点云中含有大量的噪声，并且扫描得到的变电站点云数据量过大，若不对其进行精简则将严重影响操作的效率。因此，需要对变电站原始点云进行数据预处理，具体做法是采用统计滤波器对点云进行去噪，将统计滤波器需要设置的参数即查询点的最近邻数目 m 和标准差乘子 k，分别设置为 50 和 1，采用体素下采样对点云进行精简，体素网格的大小设置为 4cm。经过去噪和精简后的变电站点云如图 3.3 所示，其中剩余 1 682 373 个点，精简率达到 93.24%，大大减少了数据量和噪声，并保留了变电站点云的大部分信息和特征，这是提高后续作业时间效率必不可少的一步。接下来，对预处理过后的变电站点云数据进行体素化，将每个点放入相对应的体素中，定义体素中所含点的个数为体素的密度。由于和电气设备相比，电线在变电站所占空间较小，并且电线的直径远远小于电气设备的尺寸，因此包含电气设备点云的体素的密度一般都大于包含电线点云的体素的密度，并且电气设备点云所在的体素密度不会发生突变，所以可以对变电站点云进行体素化，利用电气设备体素密度和电线体素密度的不同，将电气设备与电线分割开来。

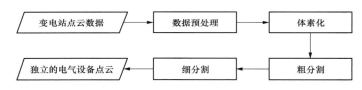

图 3.2　变电站电气设备点云分割流程

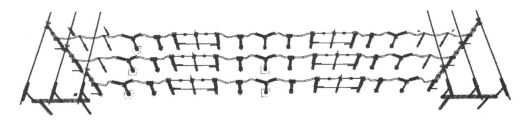

图 3.3　经过去噪和精简后的变电站点云

电气设备点云的提取主要分为粗分割和细分割两个阶段。在粗分割阶段，选择种子体素进行生长，若种子体素邻近的体素满足密度阈值条件，则认为该体素内所含的点是电气设备上的点，否则认为是包含设备边缘点的体素。不断地重复这一过程，从而实现设备点云的粗分割。由于粗分割阶段的密度阈值是一个固定的值，包含电气设备稀疏点云的体素将不会被聚集到相应的电气设备聚类中去，因此需要细分割来重新将这些丢失的点聚类进来，从而得到每个独立的电气设备点云。

3.3 体素化

由于变电站的点云数据量非常庞大，点数达到 2400 万个，相比基于点的方法，使用基于体素的方法从变电站中提取电气设备点云具有更高的效率。因此，需要对变电站点云进行体素化处理，具体步骤如下：

（1）获取变电站点云的包围盒。将最大（x_{max}，y_{max}，z_{max}）点和最小（x_{min}，y_{min}，z_{min}）点的三维坐标作为包围盒对角线的顶点。由式（3.1）可计算出 x、y、z 三个方向上的包围盒的长度：

$$L_x = |x_{max} - x_{min}|, L_y = |y_{max} - y_{min}|, L_z = |z_{max} - z_{min}| \qquad (3.1)$$

（2）将变电站场景的包围盒划分为体素网格。体素的大小设置为 d_0，分辨率为 $d_0 \times d_0 \times d_0$。$x$、$y$、$z$ 方向的体素数可由式（3.2）计算得到：

$$n_x = \left\lceil \frac{L_x}{d_0} \right\rceil, n_y = \left\lceil \frac{L_y}{d_0} \right\rceil, n_z = \left\lceil \frac{L_z}{d_0} \right\rceil \qquad (3.2)$$

式中：n_x、n_y、n_z 分别为 x、y、z 三个方向上的体素数量，从而可以确定体素的索引 (i, j, k) 的范围，即 $i \in [0, n_x)$，$j \in [0, n_y)$，$k \in [0, n_z)$。

（3）根据式（3.3）找到每个点（x，y，z）对应的体素索引：

$$i = \left\lceil \frac{x - x_{min}}{d_0} \right\rceil, j = \left\lceil \frac{y - y_{min}}{d_0} \right\rceil, k = \left\lceil \frac{z - z_{min}}{d_0} \right\rceil \qquad (3.3)$$

式中：x_{min}、y_{min}、z_{min} 分别为 x、y、z 的最小值。

对变电站点云进行体素化后，生成的体素是相同大小的立方体，但其中有大量的体素不包含任何点，为了消除它们，对每个体素引入一个标志位，标记该体素是否为无效体素（密度为 0），见式（3.4）：

$$f(i, j, k) = \begin{cases} -1 & \text{体素}(i,j,k)\text{的密度 }0 \\ 0 & \text{否则} \end{cases} \qquad (3.4)$$

删除空体素有助于加快搜索速度。如果体素的密度为 0，即该体素不包含点云数据，则将其标志设置为 -1，剩余的体素则构成点云数据的三维模型。

在对点云进行体素化的过程中，体素大小是影响时间开销和聚类结果的一个重要参数。当它设置为较大的值时，可以加快体素化的过程，提高分割的效率，但聚类结果可能会出现过分割的情况，将一个电气设备分割为两个。反之，较小的体素可以充分保留电气设备的细节，但会导致出现欠分割的情况，不能有效地将不同的电气设备分割开；并且体素大小设置得过小，会导致体素化和分割的过程耗时过长。

因此，需要确定一个合适的体素大小。现将体素大小设置为 0.3m，这是因为电气设备的横向跨度通常在 5～20m，是体素单元大小的几十倍。跨度最小的设备为绝缘子，其横向尺寸为 1.5～2.0m，即便如此，它至少也是 0.3m 的 5 倍大。因此，0.3m 的体素大小足以有效地表示一个电气设备的相关信息。变电站点云的体素化结果如图 3.4 所示。

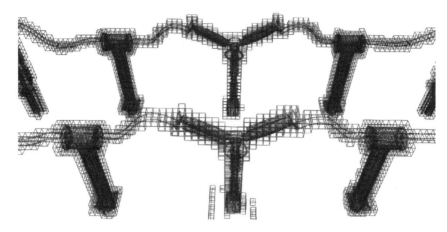

图 3.4　变电站点云的体素化结果

3.4　粗分割

完成对变电站点云的体素化后，接下来进入电气设备点云的粗分割阶段。在粗分割阶段，首先需要确定初始种子体素堆栈 S。由于电气设备安装在地面上，而电线位于空中，因此体素空间底部的体素被选为初始种子体素。具体要求为：

（1）体素在 z 轴上的最大值不能超过包围盒在 z 轴的长度。

（2）种子体素的密度应大于初始密度阈值 ε，伪代码算法 1（Algorithm 1）给出了确定初始种子堆栈 S 的过程。

Algorithm 1: Determine seed voxels stack

Input: a voxel list $V = \{v_1, v_2, ..., v_n\}$; initial density threshold ε;

Output: seed voxels stack S;

1 initialization: segmentlist $S \leftarrow \emptyset$;

2 **for** *each voxel $v_i \in V$* **do**

3 　　**if** *$v_i.density \geq \varepsilon$ and $v_i.z \leq 1/6 * z_{max}$* **then**

4 　　　　*insert v_i into S;*

5 *return S;*

以一个电气设备点云［图 3.5（a）］为例说明初始种子体素堆栈的确定过程。将密度阈值设置为 25，z 轴六分之一以下的体素如图 3.5（b）所示，选取其中点密度大于 25 的体素作为初始种子体素堆栈。点密度大于 25 的体素包含了电气设备的主要点云，点密度小于 25 的体素主要包含电气设备边缘处的点云。

确定初始种子体素堆栈后，从中随机选取一个种子体素 v_i，即可开始后续的生长过程。图 3.6 展示了粗分割的生长过程。首先找到种子体素 v_i 的 6 邻接体素 v_{ij}［$j = (1，2，3，$

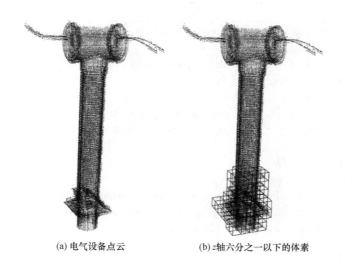

(a) 电气设备点云   (b)z轴六分之一以下的体素

图 3.5 初始种子体素堆栈的确定过程

4，5，6)］，如图 3.6（a）所示，中心体素表示被选中的种子体素 v_i，剩下的是其 6 邻接体素。然后遍历这 6 个邻接体素，判断它们是否满足生长条件，若 v_{ij} 的密度大于阈值 ε，则将其放入设备堆栈，否则将其放入边缘堆栈，如图 3.6（b）所示，种子体素的 3 个邻接体素满足阈值条件，将它们放入设备堆栈和种子堆栈中，其余 3 个不满足条件的被认为是包含设备边缘点的体素。接下来，再从种子堆栈中随机选择另一个种子体素，重复上述操作，直到没有新的体素加入种子堆栈中并且其中的体素都被访问过，从而得到电气设备点云粗分割的结果。如图 3.6（c）所示，位于初始种子体素上面的体素被选中作为新的种子体素，它的 6 邻接体素中有 5 个体素尚没有被访问，对这 5 个未访问的体素进行阈值判断，将满足条件的体素放入种子堆栈和设备堆栈中，结果如图 3.6（d）所示，有 3 个体素满足条件，因此被加入进来。粗分割算法伪代码如算法 2（Algorithm 2）所示，符号说明见表 3.1。

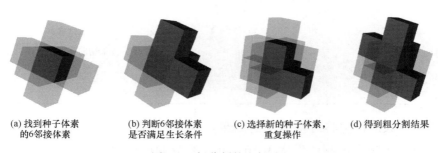

(a) 找到种子体素   (b) 判断6邻接体素   (c) 选择新的种子体素，   (d) 得到粗分割结果
    的6邻接体素   是否满足生长条件   重复操作

图 3.6 粗分割的生长过程

Algorithm 2: coarse segmentation

Input: seed voxel stack S; a voxel list $V = \{v_1, v_2, ..., v_n\}$; initial density threshold ε;

Output: a set of electrical device segments $D' = \{D'_1, D'_2, ..., D'_m\}$;

1   initialization: segmentlist $D' \leftarrow \emptyset$,;
2   **while** $S \neq \emptyset$ **do**
3   current region $D_c \leftarrow \emptyset$, current seed $S_c \leftarrow \emptyset$, current edge $E_c \leftarrow \emptyset$, ;
4   randomly select a voxel seed v_s from S and remove it from S;
5   insert v_s into S_c;
6   insert v_s into D_c;
7   **while** $S_c \neq \emptyset$ **do**
8   randomly pick a voxel $v_i \in S_c$ and remove it from S_c;
9   **for** *each voxel $v_j \in N_6(v_i) \in V$ and unvisited* **do**
10   **if** $v_j.density \geq \varepsilon$ **then**
11   insert v_j into S_c;
12   insert v_j into D_c;
13                $v_i.\text{flag}=1$
14   **else**
15   insert v_j into E_c;
16                $v_i.\text{flag}=2$
17   **for** *each voxel $v_m \in D_c$* **do**
18          $totalPoints + = v_m.density$;
19   **if** $totalPoints \geq 5000$ **then**
20          $D_c = D_c + E_c$;
21   add D_c into D' ;
22   return D';

表 3.1   算法 2(Algorithm 2) 的符号说明

v	体素
$N_6(v_i)$	v_i 的 6 邻接体素
$totalPoints$	粗分割结果 D_i 的总点数
flag	体素状态： −1——无效体素； 0——未访问体素； 1——设备体素； 2——边缘体素

    密度阈值参数的设定将对粗分割的结果产生重要的影响。为了观察不同密度阈值对结果的影响，可将密度阈值设置为 10~40，粗分割结果的准确率和召回率见表 3.2。可以看出，当密度阈值在 19~35 时，所有 39 个电气设备都可以被聚类出来。随着密度阈值的增大，准确率越来越高，而召回率越来越低。这是因为，当密度阈值很大时，

体素生长的条件很难满足，所以一些含有稀疏点云的设备体素不能被聚类进来，导致聚类得到的设备点云点数减少，从而召回率降低；但被聚类进来的点都严格满足条件，所以准确度会很高。然而，此类研究的目的是尽可能地从变电站点云中提取所有的电气设备，所以召回率是需要考虑的最重要的标准。从表 3.2 可以看出，当密度阈值为 19 时，召回率达到最优值，逼近 1，这说明几乎所有的电气设备点云都被成功聚类，聚类结果如图 3.7 所示。

表 3.2　　　　　　　　　　不同密度阈值时的粗分割结果

ε	聚类数	准确率	召回率	ε	聚类数	准确率	召回率
10	28	96.73%	99.83%	26	39	98.40%	99.57%
11	30	96.86%	99.83%	27	39	98.45%	99.55%
12	32	97.09%	99.83%	28	39	98.48%	99.52%
13	33	97.25%	99.83%	29	39	98.48%	99.48%
14	35	97.38%	99.82%	30	39	98.52%	99.47%
15	37	97.56%	99.79%	31	39	98.58%	99.43%
16	37	97.73%	99.79%	32	39	98.61%	99.38%
17	38	97.86%	99.78%	33	39	98.64%	99.03%
18	38	98.02%	99.76%	34	39	98.74%	98.98%
19	39	98.12%	99.76%	35	39	98.77%	98.86%
20	39	98.21%	99.73%	36	41	98.79%	98.82%
21	39	98.25%	99.71%	37	41	98.80%	98.74%
22	39	98.26%	99.70%	38	41	98.81%	98.60%
23	39	98.31%	99.68%	39	41	98.83%	98.28%
24	39	98.36%	99.65%	40	41	98.90%	98.23%
25	39	98.37%	99.61%				

　　当密度阈值小于 19 时，聚集的有效电气设备数小于 39。图 3.8 所示为密度阈值为 10 时的粗分割结果。可以看出，当密度阈值过小时，提取的电气设备点云是较为完整的，细节部分不会丢失，但出现了欠分割的情况。图 3.8 中的两方框内相邻的几个电气设备被聚类成一个电气设备。当密度阈值大于 35 时，提取的电气设备数也小于 39。图 3.9 所示为密度阈值为 50 时的分割结果。可以看出，当密度阈值过大时，设备可能会被过分割，并且会导致细节缺失，不利于后续的建模操作。图 3.9 中的两方框内的一个设备被划分为多个单独的设备。

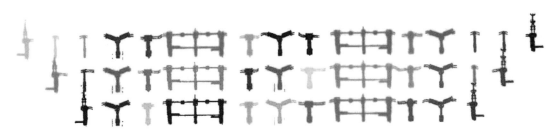

图 3.7 密度阈值为 19 时的粗分割结果

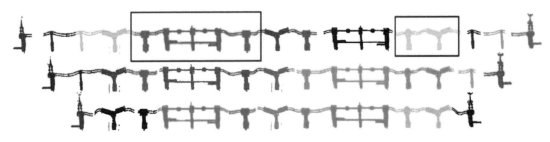

图 3.8 密度阈值为 10 时的粗分割结果

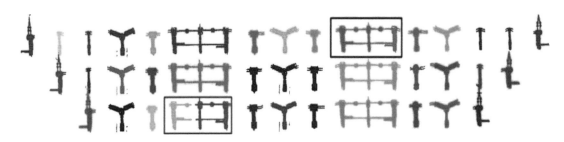

图 3.9 密度阈值为 50 时的粗分割结果

3.5 细分割

由于在粗分割过程中，密度阈值 ε 是固定的，设备上的一些点云的稀疏部分不满足阈值条件，所以不会被聚类进来，从而导致电气设备点云聚类结果不完整。例如，图 3.10（a）中的设备遗漏了一些细节，设备上方的点云也遗漏了。因此，有必要对粗分割阶段去除的点进行细分割并聚类，从而实现设备点云的完整提取。细分割后的设备如图 3.10（b）（d）所示，可以看出隔离开关上部已得到了补充，三段设备的细节也集中在一起。细分割算法的伪代码见算法 3（Algorithm 3），细分割的具体步骤如下：

（1）得到每个设备粗分割聚类结果 D_i' 在三维坐标空间中的包围盒的最大顶点和最小顶点，分别记为 $(x_{max}', \ y_{max}', \ z_{max}')$ 和 $(x_{min}', \ y_{min}', \ z_{min}')$。

（2）遍历变电站点云中的每一个点，如果点 $p_i(x_i, \ y_i, \ z_i)$ 满足条件：$x_i \in (x_{min}', x_{max}')$，$y_i \in (y_{min}', \ y_{max}')$，$z_i \in (z_{min}', \ z_{max}')$，则将该点加入 D_i' 中。

（3）重复步骤（1），直到所有聚类结果完成。

Algorithm 3: fine segmentation

Input: point cloud P; the results obtained from coarse segmentation
$D' = \{D'_1, D'_2 \dots, D'_m\}$;

Output: a refined set of electrical device segments $D = \{D_1, D_2, \dots, D_m\}$;

1   initialization: $D \leftarrow \emptyset$;

2   **for** *each electrical equipment $D'_i \in D'$* **do**

3   get $D'_i.x_{\min}, D'_i.x_{\min}, D'_i.x_{\min}, D'_i.x_{\min}, D'_i.x_{\min}, D'_i.x_{\min}$;

4     $D_c \leftarrow \emptyset$;

5   **for** *each point $p_i \in P$* **do**

6   **if** $p_i.x \in [D'_i.x_{\min}, D'_i.x_{\min}]$ *and* $p_i.x \in [D'_i.x_{\min}, D'_i.x_{\min}]$ *and*

7       $p_i.x \in [D'_i.x_{\min}, D'_i.x_{\min}]$ **then**

8   *insert p_i into D_c*;

9   *insert D_c into D*;

10   return D;

实验表明，粗分割过程可以有效地从变电站点云中提取出所有的电气设备，并且达到较好的精度，但仍有部分稀疏设备点云会发生缺失。图 3.10（a）（b）所示为设备 kV500-DS-3C 的分割效果，图 3.10（c）（d）是设备 kV500-DS-1B 的分割效果。图 3.10（a）（c）是粗分割后提取的两个设备点云。可以看到，图 3.10（a）中三段设备的上端连接杆部分和图 3.10（c）中单段设备的顶部都发生了缺失，这是因为这些部分的点云点数较少，因此包含这些位置的体素密度较小，导致体素生长时密度阈值条件不能满足，从而使这些体素内的点不能被聚类。但是，这些缺失的部分可能是后续建模操作的关键，因此有必要进一步细化粗分割的结果，将这些缺失部分的点云重新添加到相应的设备点云聚类中。这两种电气设备的细分割结果分别如图 3.10（b）（d）所示，经细分割后，一些点被重新添加进来。可以看到，缺失部分的点云被添加到了对应的设备聚类中，使电气设备点云更加完整。细分割前后两种不同电气设备的点数对比见表 3.3，被重新添加进来的点虽然不多，但这些被补充进来的点都是设备上的关键点，会对后续的识别和建模等操作产生重大的影响。

表 3.3   两种电气设备细分割前后的点数对比

设备	粗分割		细分割	
	效果图	点数	效果图	点数
kV500-DS-3C	图 3.10（a）	72 205	图 3.10（b）	72 350
kV500-DS-1B	图 3.10（c）	25 792	图 3.10（d）	26 114

粗分割和细分割的比较见表 3.4。细分割后增加了约 5000 个点，虽然数量与总数相比微不足道，但这些点可能是设备的关键部件，因此对这些点进行重新组合有利于后续变电站的建模。虽然细分割后的准确率略有下降，但查全率达到了 99.91%，可以认为所有的电

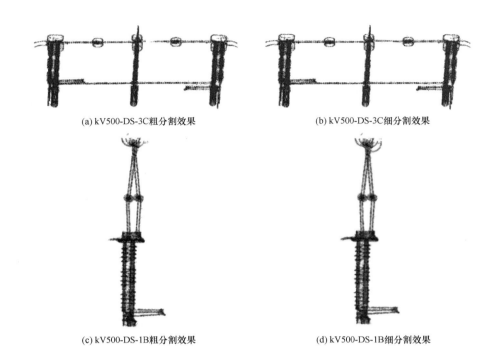

(a) kV500-DS-3C粗分割效果   (b) kV500-DS-3C细分割效果

(c) kV500-DS-1B粗分割效果   (d) kV500-DS-1B细分割效果

图 3.10 两种电气设备在细分割前后的对比图

气设备点云都被有效地提取出来。

表 3.4　　　　　　　　　　　　粗分割和细分割的对比

类型	点数	准确率	召回率
粗分割	1 334 420	98.21%	99.73%
细分割	1 339 052	98.05%	99.91%

第 4 章

电气设备基座分割

4.1　基座分割算法

4.1.1　基座分割难点

在对变电站设备的识别过程中，设备的基座和电线会对识别产生影响。相对于电线，设备基座对识别的影响要更高。在对变电站设备附属基座的分割过程中，主要面临以下难点：

（1）设备点云数据量比较大，大多数的设备点云由几十万个点构成。

（2）设备基座数目不同，有的存在一个基座，有的存在两个或者三个基座，基座数目的不同给分割带来了困难。

（3）设备基座形状不统一、不规则。

（4）设备基座和设备本体融为一体，在点云数据中是连在一起的。

经过观察和测试大量的设备基座后发现，变电站设备的附属基座存在着以下特征：①设备基座都是直的，不会出现弯曲；②设备基座在水平面上的投影面积不会发生变化。

根据以上设备基座的特征，利用设备分层后水平投影面积的变化趋势，以及基座和设备本体之间的差别可以实现对设备基座的分割。

4.1.2　总体实现流程

在变电站设备基座分割算法的基础上，对经典的 ICP 算法进行改进，利用改进后的 ICP 算法对变电站设备进行整体识别。总体实现流程如下：

（1）对点云数据进行预处理操作，此时的预处理过程和分割电线时的预处理过程不同，基座分割时的预处理过程包括数据精简和点云去噪。

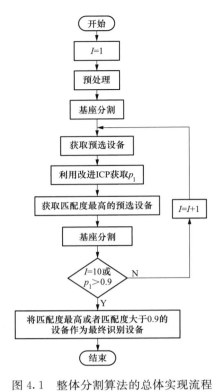

图 4.1 整体分割算法的总体实现流程

（2）根据设基座和设备之间的分割线实现对设备基座的首次分割，首次分割后剩下设备主体和剩余基座两部分。

（3）利用设备投影轮廓特征获取预选设备，并使用改进后的 ICP 算法计算每一个预选设备的匹配度，将匹配度最大的预选设备作为本次循环识别过程中的识别结果，并将这部分称为一次循环。

（4）再次去除设备基座，重复上面的过程，总共实现 10 次分割，10 次循环中包括 8 次微小的增加操作和 2 次微小的增补操作。

（5）将 10 次循环中匹配度最大的预选设备作为最终的识别设备。为了减少循环次数，当识别出的设备匹配度大于 90% 时，则跳出循环，并将本次识别出的设备作为最终的识别设备。

图 4.1 所示为整体分割算法的实现流程图，图 4.2 所示为变电站设备分割线位置示意图。

4.1.3 具体实现步骤

变电站设备基座分割算法的具体实现步骤如下：

第一步：对设备进行分层处理。

第二步：利用基于 Bowyer-Watson 算法的三角剖分法计算每层数据在 xOy 平面上的投影面积。

第三步：通过设置阈值来确定设备分割线的位置，并对变电站设备的基座进行首次定位。

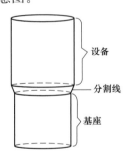

图 4.2 变电站设备分割线位置示意图

第四步：利用改进后的 ICP 算法计算出设备匹配度并对设备基座精确定位。

第五步：将分割线以下的基座数据去除，实现设备基座的分割。

4.1.4 基座分割算法优点

基座分割算法的优点包括：

（1）当设备基座的周围存在噪声点时，该算法依然可以将设备的基座进行完全分割。在预处理过程中，采用八叉树法对设备进行降噪，可将噪声点去除。

（2）该分割算法不仅可以分割具有一个基座的设备，而且可以完全分割具有两个或多个基座的设备。

（3）当变电站设备的基座出现不规则情形（如图 4.3 所示）时，基座在 xOy 平面上的投影面积发生变化时，该分割算法依然可以实现对基座的分割。

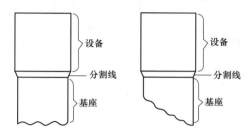

图 4.3　变电站设备基座的不规则情形

4.2　目标识别

在对设备的基座进行分割时，需要通过识别算法对每次去除的基座进行检测，通过识别出的设备来验证设备基座是否完全被分割。目前，三维识别算法可以分为两类：基于整体特征和基于局部特征的三维目标识别算法。

4.2.1　改进的 ICP 算法

ICP 算法是一种新的点云配准算法，是以点到点的配准为基础的一种拟合曲面的算法。近年来，经过一些专家和学者的不断改进，ICP 算法得以更加完善。

ICP 算法的目的在于计算出测试数据和模板数据两类点之间的匹配关系，经过一系列的转换，最终求解得到两个集合之间的平移矩阵和旋转矩阵。设在三维空间内存在两个点云集合，记为 $P=\{P_i,\ i=0,\ 1,\ 2,\ \cdots,\ m\}$ 和 $Q=\{Q_i,\ i=0,\ 1,\ 2,\ \cdots,\ n\}$，其中 P 代表模板数据，Q 代表测试数据，m、n 分别指点云集合 P 和 Q 所拥有的数据的个数。将 Q 进行不断地旋转和平移，使得 Q 和 P 两个集合间的欧氏距离最小。其中，旋转矩阵用 $\boldsymbol{R}$ 表示，平移矩阵用 $\boldsymbol{T}$ 表示。最后，两个点云集合之间的任意一对相应的点都满足式（4.1）所示的条件：

$$Q_i = \boldsymbol{R} P_i + \boldsymbol{T} \tag{4.1}$$

在求解旋转矩阵 $\boldsymbol{R}$ 和平移矩阵 $\boldsymbol{T}$ 时，可采用四元数法。假设 $\boldsymbol{p_R}=[p_0,\ p_1,\ p_2,\ p_3]^{\mathrm{T}}$ 是一个单位四元数，其中 p_0、p_1、p_2、p_3 满足条件 $p_0^2+p_1^2+p_2^2+p_3^2=1$，并且 $p_0>0$，则旋转矩阵 $\boldsymbol{R}$ 可用式（4.2）表示：

$$\boldsymbol{R}=\begin{bmatrix} p_0^2+p_1^2-p_2^2-p_3^2 & 2(p_1p_2-p_0p_3) & 2(p_1p_3+p_0p_2) \\ 2(p_1p_2+p_0p_3) & p_0^2-p_1^2+p_2^2-p_3^2 & 2(p_2p_3-p_0p_1) \\ 2(p_1p_3-p_0p_2) & 2(p_2p_3-p_0p_1) & p_0^2-p_1^2-p_2^2+p_3^2 \end{bmatrix} \tag{4.2}$$

设 k 和 k' 分别为点云集合 P 和 Q 的重心，则点云集合 P 和 Q 之间的协方差可以用式（4.3）表示：

$$A = \frac{1}{n} \sum_{i=1}^{n} \left[(P_i - k)(Q_i - k') \right] \tag{4.3}$$

设矩阵 $\boldsymbol{\Delta} = A - A^{\mathrm{T}}$，则由式（4.3）可以得到矩阵 $\boldsymbol{H}$，用式（4.4）表示：

$$\boldsymbol{H} = \begin{bmatrix} tre(A) & \boldsymbol{\Delta}^{\mathrm{T}} \\ \boldsymbol{\Delta} & A + A^{\mathrm{T}} - tre(A)\boldsymbol{I}^3 \end{bmatrix} \tag{4.4}$$

其中 $\boldsymbol{I}^3$ 可用式（4.5）表示：

$$\boldsymbol{I}^3 = \begin{bmatrix} 1 & 0 & 0 \\ 0 & 1 & 0 \\ 0 & 0 & 1 \end{bmatrix} \tag{4.5}$$

在求解 $\boldsymbol{H}$ 的最大特征值时，$\boldsymbol{p}_R = [p_0, p_1, p_2, p_3]^{\mathrm{T}}$ 是该最大特征值对应的特征向量。然后可以求得平移矩阵 $\boldsymbol{T} = k' - \boldsymbol{R}k$，并且两个点云集合之间的误差可用式（4.6）表示：

$$E = \sum_{i=1}^{n} \| Q_i - (\boldsymbol{R}P_i + \boldsymbol{T}) \|^2 \tag{4.6}$$

通过上面的计算可以求出待测数据和模板数据之间的误差和匹配度，但是 ICP 算法的匹配度求解是通过不断旋转和平移实现的，是一步一步迭代得到结果的。经典 ICP 算法的这种求解方式本身就会增加设备识别时间，降低设备整体识别效率。为了提高基座分割的准确性，需要对经典的 ICP 算法进行改进，以在保持识别率尽量不变的基础上提高识别效率。

利用 ICP 算法是为了获得待测设备和模板之间的误差，然后通过误差计算两者之间的匹配度。最后将匹配度作为参考量，并且将匹配度最大的变电站设备作为最终的识别设备。由 ICP 算法求出的匹配度来确定设备类型的方法是一种择优的方法，即使各设备与模板的匹配度都不高，也会将最"匹配"的模板当作识别结果。通过对误差的分析可知，在 ICP 算法迭代初始，误差的变化趋势越来越大；越靠近结束，误差的变化幅度越小。误差的变化幅度越小，对设备匹配度的影响也会越小。采取的具体解决方法是：在连续的 10 个误差数据中，任意两个数的差值都小于 0.01。当出现符合这种条件的 10 个误差数据时，终止迭代，使 ICP 算法提前跳出循环，以此方式缩短设备的匹配时间。

4.2.2　对比与分析

分别用经典 ICP 算法和改进后的 ICP 算法对 137 个变电站设备进行实验测试，重点分析改进前后的 ICP 算法对最终迭代次数、误差、匹配度和时间的影响。利用 ICP 算法计算匹配度时，每一次都会计算待测设备和模板数据之间存在的误差，主要是利用迭代误差在不同阶段的变化趋势不同，实现对 ICP 算法的改进。图 4.4 所示为变电站设备 PT_E_2 用经典 ICP 算法时，迭代次数与迭代误差之间的关系。图 4.5 所示为变电站设备 CP_D_1 使用经典 ICP 算法时，迭代次数与迭代误差之间的关系。

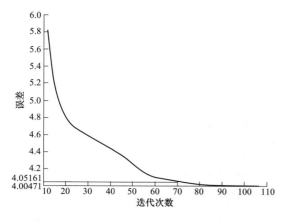

图 4.4　PT_E_2 迭代次数与迭代误差曲线

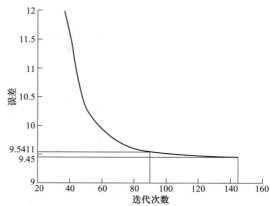

图 4.5　CP_D_1 迭代次数与迭代误差曲线

在变电站设备 PT_E_2 的次数与迭代误差曲线中可以观看到，当迭代次数等于 70 次时，迭代误差 $W_1 = 4.051\,61$，匹配度 $P_1 = 0.9411$；当迭代过程结束时，迭代误差 $W_2 = 4.004\,71$，匹配度 $P_2 = 0.9321$。从迭代次数等于 70 次，到迭代过程结束，在这期间一共经过 37 次迭代，误差差值 $W = W_1 - W_2 = 0.0469$。这 37 次迭代对误差和匹配度的影响非常小，所以通过设计算法将这 37 步去除，使得 ICP 算法迭代到第 70 次时，终止迭代。对于图 4.5 所示的变电站设备 CP_D_1，使用同样的措施，可以减少多余的 57 次迭代，而前后两次迭代的误差差值 $W = 9.5411 - 9.45 = 0.0911$，可以看出对误差的影响依然很小。

本次实验测试所用计算机的配置为：操作系统为 Windows 7，内存为 8.00GB，硬盘为 500GB，主要测试改进前后的 ICP 算法对迭代次数、误差、匹配度、时间的影响。ICP 算法改进前后对参数的影响见表 4.1。其中，n_1 表示迭代次数，W 表示误差，p_1 为匹配度，t 为总的识别时间。

表 4.1　　　　　　　　　　ICP 算法改进前后对各个参数的影响

设备型号	识别设备	经典 ICP 算法			t	改进后的 ICP 算法			t
		n_1	W	p_1		n_1	W	p_1	
CB_A_10	401	46	13.4261	0.9728	308.8	39	13.4269	0.9728	272.1
	404	89	232.326	0.5336		75	232.337	0.5334	
CP_C_1	504	131	8.950 64	0.9344	70.5	64	9.024 03	0.9358	31.72
CP_C_2	205	86	23.4824	0.7707	84.70	66	23.5372	0.7686	63.71
	504	103	8.0748	0.9440		76	8.132 32	0.9443	
CP_D_1	504	76	3.125 46	0.9908	30.36	47	3.135 43	0.9916	17.99
CT_A_1	104	44	198.84	0.3093	193.2	31	174.706	0.3110	129.3
	602	116	87.5869	0.7236		70	87.671	0.7229	
CT_B_1	602	41	8.587 77	0.9977	103.7	12	8.612 07	0.9977	29.45
DS_1A_1	701	42	12.4758	0.8760	43.75	42	12.4758	0.8760	29.89
	702	172	134.813	0.3288		110	134.947	0.3283	

设备型号	识别设备	经典 ICP 算法			t	改进后的 ICP 算法			t
		n_1	W	p_1		n_1	W	p_1	
CB_C_3	403	52	835.236	0.3876	267.8	48	835.241	0.3871	245.6
	404	45	82.6598	0.7161		42	82.6605	0.7160	
CP_D_5	504	296	5.522 69	0.9664	108.3	66	5.9107	0.9579	23.70
CP_G_1	202	75	41.9375	0.5155	54.60	64	41.943	0.5174	45.66
	504	94	2.785 35	0.9978		79	2.7858	0.9976	

为了直观体现改进后的 ICP 算法在各个方面的优势，表 4.2 总结了 137 个变电站设备使用经典 ICP 算法和改进后的 ICP 算法所需的迭代总次数和迭代总时间，以及改进后的 ICP 算法对设备影响的个数（主要指是否改变设备的识别率）。

表 4.2   **ICP 算法改进前后的数据汇总**

设备总数	迭代总次数		迭代总时间		改进后影响个数
	经典 ICP 算法	改进后的 ICP 算法	经典 ICP 算法	改进后的 ICP 算法	
137	17 418	11 256	14 500.379s	8696.159s	2

通过表 4.1 和表 4.2 的实验数据可以看出，用经典 ICP 算法和改进后的 ICP 算法同时对 137 个不同的变电站设备进行实验测试，从迭代总次数上看，经典 ICP 算法在整个匹配中，迭代总次数一共有 17 418 次，而改进后的 ICP 算法却只进行了 11 256 次迭代，减少迭代次数 6162 次；从迭代总时间上看，改进后的 ICP 算法比经典 ICP 算法少用了 5804.22s，大大节省了识别时间；从识别结果上看，改进后的 ICP 算法没有经典 ICP 算法的识别率高，但是在 137 个变电站设备中，仅仅对两个设备产生了影响。从上面的实验数据可以看出，改进后的 ICP 算法可以在保证识别率几乎不变的情况下，能达到缩短识别时间、提高识别效率的目的。

4.3　基座分割

4.3.1　设备分层

通过大量的实验和观察发现，通过三维激光扫描仪获取变电站设备的三维点云数据时，设备基座以下部分的变化趋势很小，而在基座和设备本体之间的分割线有明显的变化。根据设备基座的这种存在特征可以实现对设备基座的算法分割。图 4.6 所示为几种典型的变电站设备基座的存在形式。

设备分层主要是将基座位置以下的部位进行算法去除，以便消除基座的存在对设备本体的影响，在此基础上利用改进后的 ICP 算法进行不断迭代，识别出待测设备的具体型号，提高变电站设备识别效率。

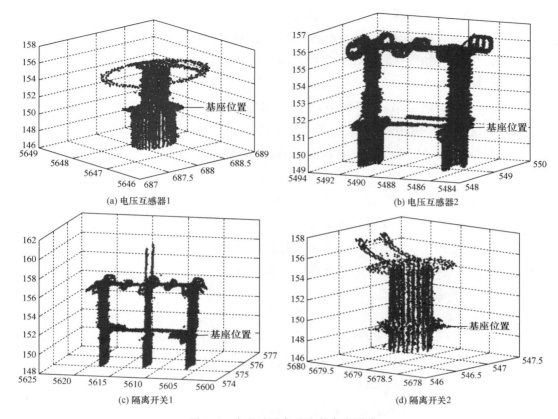

(a) 电压互感器1   (b) 电压互感器2

(c) 隔离开关1   (d) 隔离开关2

图 4.6　变电站设备基座的存在形式

对变电站设备分层前，首先要确定分层数目。如果分层的数目过多，会使每层的点云个数较少；相反，如果分层的数目过少，会导致设备的分割线出现在一层数据里，这种情况下设备的分割线会很容易在首次分割时被去除。通过大量数据的实验测试，设备的分层数目应设定为60。变电站设备的分层操作如图4.7所示。

在对设备进行分层时，应特别注意出现空层的情况。为了增加整体算法的鲁棒性，如果出现空层的位置是紧挨的，且出现空层的次数超过三次，则认为此时有噪声点存在。如果出现空层的位置位于整个设备的一半以上，则噪声点出现在空层位置以上的部分；相反，如果出现空层的位置在整个设备的一半以下，则噪声点出现在

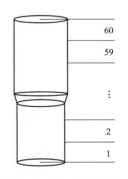

图 4.7　变电站设备的
分层操作示意图

空层位置以下的部分。然后，将相应的噪声点去除，重新分层，直到每层里的点云数目不为空，即设备分层操作完成。

4.3.2　每层投影面积

对设备进行分层后，需要计算出每层数据在平面 xOy 上的投影面积。设备中每层的点

云数据在 xOy 平面上的投影是一个二维散点图，利用基于 Bowyer-Watson 算法的三角剖分法计算二维散点所占据的面积，计算出的面积作为本层数据在 xOy 平面上的面积。

三角剖分的定义如下：假设 S 是二维平面上的一个有限散点集合，l 是由集合 S 内的散点组成的封闭直线，其中 L 是 l 的集合。假设集合 S 的一个三角剖分 $N=(S，L)$，且属于二维平面，该平面记为 M，M 满足以下三个要求：①二维平面 M 内不包含集合 S 的任何点；②二维平面 M 中的任意两条线段都不相交；③所有的平面都属于三角面。

在求解三角剖分的问题中，采用 Bowyer-Watson 算法。基于 Bowyer-Watson 算法的三角剖分求解的具体实现流程如下：

（1）遍历所有二维散点集合中的点，然后构造出一个大三角形包围所有的点集。

（2）插入一个二维散点集合中的点 P，并且这个点不能是上面大三角形的三个顶点。对每个三角形做外接圆，找出外接圆所包围的公共三角形的边 AB（三角形 ABC 和三角形 ABD 的公共边），且该插入点位于外接圆内，删除公共三角形的边。将插入点与对应的三角形的点连接，形成若干个新的三角形。

（3）利用 LOP 算法对新形成的三角形进行局部优化，将优化后的三角形存入 Delaunay 三角形链表中。

（4）重复执行步骤（2），直到将所有的散点都插入为止。

图 4.8 所示为基于 Bowyer-Watson 算法的散点 P 的插入示意图。

利用海伦公式计算新形成的每一个三角形的面积，海伦公式求解方法描述为：在二维平面内 a、b、c 为一个三角形的三条边的长度，则该三角形的面积 S_1 可用式（4.7）表示：

$$S_1 = \sqrt{p(p-a)(p-b)(p-c)} \quad (4.7)$$

其中，$p=(a+b+c)/2$。最终，每层变电站设备在 xOy 平面上的投影面积就等于所有三角形面积之和。

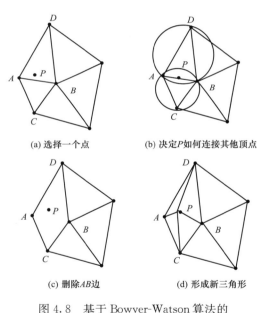

(a) 选择一个点　　　(b) 决定 P 如何连接其他顶点

(c) 删除 AB 边　　　(d) 形成新三角形

图 4.8　基于 Bowyer-Watson 算法的
散点 P 的插入示意图

4.3.3　分割线位置确定

在确定设备的分割线位置之前，首先要计算分割线附近的设备在 xOy 平面上的投影面积，即基座的面积。如果取分层后最后一层的数据在 xOy 平面上投影的面积作为基座的面积，若此时的设备基座不规则，则会出现很大的误差。所以采用分层后最下方十层数据投影面积的平均值作为基座的面积，可有效避免因基座底层出现凹凸不平而使求解面积不准的情况。

当基座的面积被准确计算，才能比较准确地确定设备分割线的位置。当第 m 层数据的投影面积大于基座面积的 S 倍，且第 m 层数据所在的高度小于设备总体高度的 1/2 时，设备的分割线存在于第 m 层数据中或者处于 m 层数据周围，即分割线位置首次定位完成。去除设备分割线以下的数据，即可实现设备基座的首次分割。如果在搜索面积大小的过程中，不存在分层后数据的投影面积大于设备基座面积的 S 倍，或找到的第 m 层数据的高度大于设备总体高度的 1/2，则认为设备的分割线位于电气设备的最底层。

4.3.4 设备基座精确定位

经过上面的操作可基本确定设备分割线的位置，由于采集的设备三维点云都存在噪声，会对结果产生影响，因此无法确定此时的分割线位置是否精确。为了准确找到设备的分割线，确保设备的基座被完全分割，需再次对设备的基座进行分割。基座再分割的详细过程如下：

（1）提取首次分割设备基座后设备的投影轮廓并作为设备的特征向量。

（2）将待测设备与对应的模板之间的特征向量进行比较，通过设置阈值，选出预选设备，此时提取设备投影轮廓的特征作为特征向量。

（3）利用改进后的 ICP 算法计算每一个预选设备的匹配度，并将匹配度最大的预选设备作为本次的识别设备。

（4）对剩余未分割的设备基座进行连续 7 次的微小分割，采取每次去除 50 个数据的方案。为了避免第一次分割时将设备的分割线去除，在连续 7 次微小分割的基础上，还应对未分割的剩余基座进行 2 次微小的增加，采取增加 50 个数据的方案。

（5）将 10 次循环中匹配度最大的设备作为最终的识别设备，匹配度最高时分割线的位置就是分割线的精确位置。

在对设备的分割线精确定位的过程中，共对设备进行了 10 次分割处理，其中 8 次是对基座进行继续分割，2 次是对基座进行补偿。采取这种继续分割次数大于补偿次数的分割方式，主要是因为对大量变电站设备进行首次分割之后，绝大多数设备都需要进行继续分割，才能准确找到设备的分割线。

4.3.5 实验结果及分析

采用基座分割算法，对 303 个带有基座的变电站设备进行测试，这里以避雷器（LA_A_1）为例介绍整个实验过程。变电站设备附属基座分割流程如图 4.9 所示。

从图 4.9（a）中可以看出，设备基座对整个避雷器设备产生了很大的影响，改变了设备的本质特征。在未对该避雷器设备（LA_A_1）采用基座分割算法时，该避雷器和 LA_B

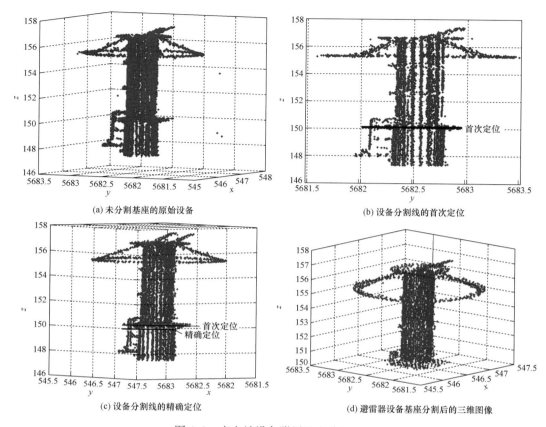

(a) 未分割基座的原始设备

(b) 设备分割线的首次定位

(c) 设备分割线的精确定位

(d) 避雷器设备基座分割后的三维图像

图 4.9　变电站设备附属基座分割流程

的匹配度为 65.73%，识别出的设备型号为 LA_B，型号识别错误。对该避雷器设备（LA_A_1）采用基座分割算法后，与 LA_A 的匹配度为 93.25%，识别出的设备为 LA_A，型号识别正确。

在基座分割过程中，首先计算分层后的设备在 xOy 平面上的投影面积，然后利用面积的变化趋势实现对分割线的首次定位。在求解面积时使用海伦公式，但如果不限制三角形各个边的长度，会影响基座的首次定位，使计算出的投影面积比真实的投影面积大。特别是对于拥有两个或多个基座的设备，对面积的计算影响更大。图 4.10 所示为未进行基座分割的变电站设备 kV500_DS_2B 的基座位置三维点云视图，图 4.11（a）所示为 kV500_DS_2B 在 xOy 平面上的形成的二维散点集合，图 4.11（b）所示为利用 Delaunay 三角剖分法形成的对应的平面图。

图 4.11 中两基座之间由长边形成的三角形，会增加设备在 xOy 平面上投影的实际面积，从而影响设备分割线的首次定位。采用的解决方案为：通过限制线段的长度，将边长大于 $d=3.1075$ 的三角形面积置零。通过将面积设置为零，解决计算面积和实际面积偏差比较大的问题。表 4.3 给出了单基座和多基座设备在 xOy 平面上投影时基座的直径和两基座之间的最长距离。

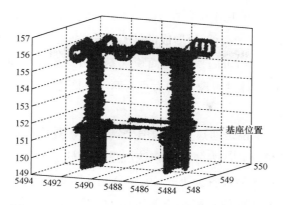

图 4.10 kV500_DS_2B 的基座位置三维点云视图

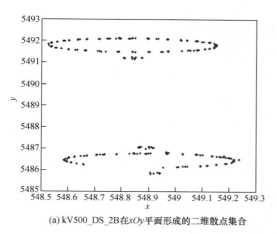

(a) kV500_DS_2B 在 xOy 平面形成的二维散点集合   (b) 利用 Delaunay 三角剖分法形成的对应的平面图

图 4.11 三角剖分法原理图

表 4.3 参数 d 的确定

单基座电气设备	基座的直径	多基座电气设备	两基座之间的最长距离
CP_C_1	0.3731	DS_2B_1	5.8534
CP_D_1	0.3473	DS_3D_1	6.4854
CT_A_1	1.3802	DS_3D_2	6.7895
CP_I_1	0.9152	DS_3DD_1	6.4654
DS_1A_1	1.2070	DS_3DD_2	6.7532
DS_1D_2	0.6966	DS_2A_1	5.5784
CP_D_6	0.5353	DS_2A_2	5.6369
CP_E_1	0.5202	DS_3C_1	5.7356
CP_G_1	0.3374	DS_3E_1	6.3254
CP_H_1	0.6942	DS_3EE_1	6.5268
平均距离	0.7007	平均距离	6.2150

从表 4.3 中可以看出，单基座设备在 xOy 平面形成的散点集合中，最长距离的平均距离为 0.7007；多基座设备在 xOy 平面形成的散点集合中，最长距离的平均距离为 6.2150。可以看出，将边长大于 0.7007 的三角形的面积置零，可避免计算面积大于实际投影面积的问题。为增加智能识别的鲁棒性，取 d 的大小为两个基座之间距离的一半，即 $d = 6.2150/2 = 3.1075$。

对设备的分割线首次定位是通过设置阈值来实现的，具体为：分层后某一层数据的投影面积大于基座面积 S 倍时，认为分割线在该层里或者处于该层附近。通过对 303 个变电站设备的实验测试，最终 S 被设置为 1.3。由于分割线附近的设备在 xOy 平面上的投影面积大于基座面积，所以 S 的取值不能小于等于 1，实验中将 S 的取值范围定在 1.1～1.5。参数 S 对设备分割线的首次定位的影响见表 4.4。

表 4.4　　　　　　　　　　参数 S 对设备分割线的首次定位的影响

设备类型	搜索到的分割线位置					实际分割线位置
	$S=1.1$	$S=1.2$	$S=1.3$	$S=1.4$	$S=1.5$	
CP_C_4	4	15	15	15	16	15
CP_C_5	15	15	15	16	16	15
CP_D_7	3	16	16	16	16	16
CP_DD_1	20	20	21	21	22	21
CP_DDD_2	9	20	20	1	1	20
CP_DDD_3	11	20	20	1	1	20
CP_E_1	2	3	3	3	1	3
CP_E_3	3	3	1	1	1	3
CP_I_1	3	3	6	6	6	6
DS_3D_1	16	16	16	17	17	16
ZUBOQI_D_3	19	19	20	20	20	20
ZUBOQI_C_5	3	4	4	1	1	4
PT_F_7	2	2	2	1	1	2
CP_I_1	3	3	6	6	6	6
正确总计	156/303	249/303	286/303	237/303	219/303	

通过对表 4.4 的分析可知，当 $S=1.3$ 时，有 286 个设备的分割线被准确定位。对于首次分割时分割线无法准确定位的变电站设备，主要存在两方面的问题：一方面是三维点云的缺失，另一方面是噪声点比较密集。当 $S=1.1$ 时，分割效果最差，主要是因为变电站设备的数据是由三维散点组成的，如果在预处理过程中没有对噪声点进行完全去除，或者设备出现重影，都会使分层的面积变大；如果 S 的取值过小，找到的分割线位置就会在实际分割线位置的下面，无法准确定位分割线的位置。当 $S=1.3$ 时，设备分割线首次定位后的位置显示和首次分割基座后设备在 MATLAB 中的显示情况如图 4.12～图 4.15 所示，设备

首次定位后的分割线为图中指示位置。

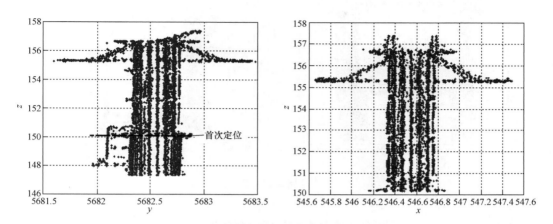

图 4.12　避雷器首次定位和分割后的三维图

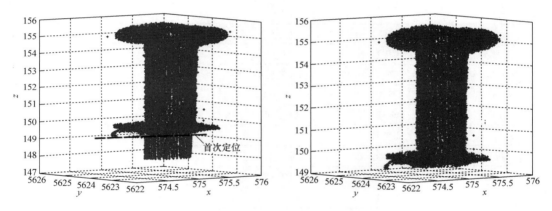

图 4.13　CT_B_1 基座首次定位和分割后的三维图

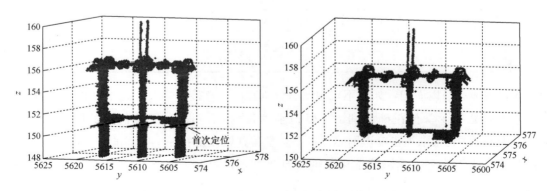

图 4.14　DS_3C_1 基座首次定位和分割后的三维图

将变电站设备基座分割算法和改进后的 ICP 算法进行结合，对 303 个不同的变电站设备进行实验测试，实验结果见表 4.5。

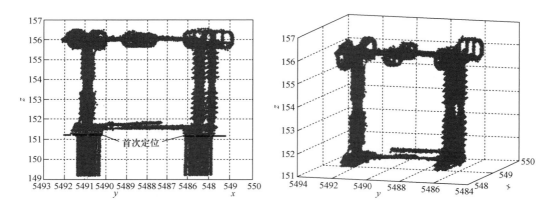

图 4.15　DS_2B_1 基座首次定位和分割后的三维图

表 4.5　　　　　　　　　采用基座分割算法和未采用基座分割算法的对比

序号	标准件	测试样本	是否正确识别	
			未采用基座分割	采用基座分割
1	CB_C	CB_C_1	否	是
8	CP_D	CP_D_5	是	是
19	CP_E	CP_E_1	否	否
63	DS_1D	DS_1D_6	是	是
79	DS_3DD	DS_3DD_1	是	是
97	LA_E	LA_E_1	否	是
103	LA_F	LA_F_1	否	是
118	PT_C	PT_C_2	是	是
121	PT_E	PT_E_1	否	否
136	PT_F	PT_F_7	否	是
256	DS_1A	DS_1AA_1	否	是
271	DS_2A	DS_2A_1	否	是
303	PT_A	PT_A_1	否	是
正确识别数			172	260

通过表 4.5 可以看出，如果不采用基座分割算法，直接对 303 个变电站设备进行识别，有 172 个变电站设备被正确识别，正确识别率仅为 56.77%，无法满足实际需求。通过QTReader 软件观察未被正确识别的设备，会发现这些设备有一个共同的特点：设备存在过多的基座，这些基座严重影响了设备的特征，之前的特征提取方法无法真正反映设备的本质。

采用基座分割算法可以对变电站设备的基座进行有效分割，在算法对比实验中，采用对设备的分割线进行首次定位后直接将基座去除的方法，未采用多次循环去除基座的算法。测试对象依然是 303 个变电站设备，两种不同的方法对识别率的影响见表 4.6。

表 4.6 不同基座分割算法对识别率的影响

设备序号	测试设备型号	是否正确识别	
		未采用循环的分割算法	采用循环的分割算法
1	CB_C_1	否	是
8	CP_D_5	是	是
63	DS_1D_6	是	是
79	DS_3DD_1	是	是
118	PT_C_2	否	否
121	PT_E_1	是	是
136	PT_F_7	否	是
256	DS_1AA_1	是	是
271	DS_2A_1	是	是
303	PT_A_1	是	是
正确识别个数		233	260

从表 4.6 中可以看出，如果只对设备采用一个去除基座的操作，有 233 个变电站设备被正确识别，识别率为 76.90%，虽然相对于未进行基座分割的算法在识别率上有了提高，但也不满足实际需求。产生这种情况的主要原因在于获取的变电站设备数据为属于三维点云的数据，有大量的空间三维点被用于构建设备模型，如果只进行一次分割，会产生很大的误差，所以需要通过不断循环来实现对设备基座的分割。

采用基座分割算法后，对同样的测试数据进行测试，有 260 个变电站设备被正确识别，正确识别率达到 85.8%，超过了未使用基座分割算法的识别率，满足了实际需求。对于采用了基座分割算法后仍不能正确识别的设备，观察发现，主要是因为这些设备存在重影的问题，即采集到的数据本身不精确。数据的不精确，导致无法对分割线进行准确定位，即使分割线被准确找到，在特征提取环节也无法对设备的特征进行准确表达。

第5章

电气设备电线分割

5.1 电线存在形式

获取到单个电气设备后，需要对电气设备进行识别，但无论是手动分割电气设备还是自动从变电站场景中分割电气设备，都不可避免地附带有电线数据。电线的存在会影响电气设备的识别，所以在进行识别之前，需要将电线去除。

在变电站场景中，变电站设备之间间隔较为固定，设备之间依靠电线连接。电线一般分布在设备绝缘子上方和塔杆附近，并且远离地面。电线较变电站设备有明显的区别：一是电线结构比电气设备更细小；二是电线在三维空间中呈线性分布，一般为直线或曲线。

几种典型的电线存在形式如图 5.1 所示。

变电站设备种类不同，其所附带电线的位置和数量也不同。虽然每个电气设备所附带电线的位置和数量存在差异，但是不难发现，电线点云和设备点云在空间位置上具有较大差异，并且电线点云一般呈线性分布。

5.2 常见点云分割算法

三维点云分割主要是根据一定特征对原始点云集合进行聚类，将不同对象从同一点云中分开，或者将同一三维目标的不同组成部分分开。在不同的分割阶段，采取不同的聚类分割算法：欧式聚类算法、MeanShift 算法、DBSCAN 算法、区域增长算法。

5.2.1 欧式聚类算法

欧式聚类算法是一种基于欧式距离度量的聚类算法，该算法一般适用于场景中的物体相互解耦、不同的三维目标之间不存在粘连的情况。对于三维空间中的任意两点 $p_1(x_1, y_1, z_1)$ 和 $p_2(x_2, y_2, z_2)$，它们之间的欧式距离可以通过式（5.1）定义：

$$d = \sqrt{(x_1 - x_2)^2 + (y_1 - y_2)^2 + (z_1 - z_2)^2}$$

$$(5.1)$$

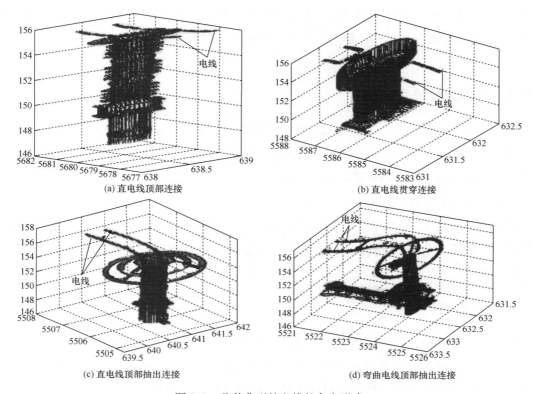

图 5.1　几种典型的电线的存在形式

利用欧式聚类算法在进行聚类时，判断准则一般采用式（5.1）所定义的欧式距离，其算法的主要流程如下：

（1）设置聚类结果集 Q 和距离阈值。

（2）选择合适的初始点 p，通过近邻算法获取点 p 的 K 近邻，将这些近邻点中距离小于阈值的加入 Q 中。

（3）更新点 p，重复步骤（2），直到没有新的点加入 Q 中，单次分割结束。

（4）重复步骤（2）和步骤（3），直到场景分割完成。

欧式聚类是根据点之间的亲密程度来实现对点云的分割。在物体不存在粘连时，该算法可以取得较好的效果；但对于相互粘连物体之间的分割，该算法很难将其分开。

5.2.2　MeanShift 算法

MeanShift 算法是一种基于密度梯度上升的非参数聚类算法，其在找到一组密集簇类的同时可以定位该簇类的中心点。目前，MeanShift 算法已被广泛应用于图像处理、聚类和视频跟踪等领域。

MeanShift 算法的基本原理是：对于初始数据集 Q，假设 Q 中存在概率密度分布不同的簇类，该算法首先随机初始化一个聚类中心，并计算在该聚类中心处的 MeanShift 向量，然后根据该 MeanShift 向量移动聚类中心并不断进行迭代，在迭代过程中若 MeanShift 向量的模小于阈值 ε，则停止迭代，退出循环，此时对应的新的聚类中心即被认为数据集 Q 中密度最大的点。

5.2.3 DBSCAN 算法

DBSCAN 算法是一种以数据集间稠密程度为划分依据的聚类算法。DBSCAN 算法遵从一个既定事实：一个聚类由一个核心对象决定。与 K-means 算法不同，DBSCAN 在进行聚类时不用提前设置聚类中心数量，而是根据数据在空间中的分布自动确定聚类数量，是一种典型的非监督聚类算法。

当数据集中包含较多噪声时，DBSCAN 算法可以有效处理噪声数据，并从数据集中发现任意形状的簇。基于以上优良特性，在电线分割过程中使用 DBSCAN 算法可以实现电线端点点云的聚类。

5.2.4 区域增长算法

在二维图像分割中，区域增长的基本思想是将属性相同或相似的像素点合并在一起。在进行区域增长时首先要选取初始种子点，然后将该种子点周围的点与种子点进行对比，如果符合条件，则合并在一起继续向外生长，直到没有新的像素点加入进来。三维区域增长算法与二维区域增长算法类似，主要是依靠点之间性质的相似程度将点云进行分割。

区域增长算法在对点云进行分割时并不区分目标物，而是将所有符合增长条件的点都划分到同一结果集合中，所以在使用区域增长算法时需要注意种子点和增长条件的选择。

5.3 基于线特征的电线分割

5.3.1 算法流程

在对电线进行分割时，根据电线区别于电气设备的性质，可以将分割过程分为粗细两阶段。在粗分割阶段，首先使用 MeanShift 算法确定电气设备的中心位置，然后利用圆柱增长法对距离设备中心较远的电线点云实施分割；分割的同时使用 DBSCAN 算法对电线端点进行聚类，获取电线端点个数和具体位置。相较于粗分割，在细分割阶段，需要去除与设备粘连或距离设备较近的电线点云，实现附属电线点云的快速、准确、完全分割。基于线特征的电线总体分割算法流程如图 5.2 所示。

5.3.2 电线分割过程

基于点云形状特征的分割过程主要分为粗细两个阶段。粗分割阶段的主要任务是将远

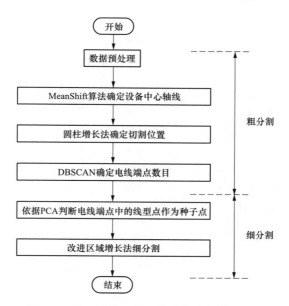

图 5.2　基于线特征的电线总体分割算法流程

离设备主体的电线点云数据删除并确定电线端点。粗分割阶段主要分三步：①基于 MeanShift 算法确定设备的中心轴线位置 l；②基于圆柱增长法确定分割点，以 l 为中心，初始化圆柱 h，初始半径为 r，使半径 r 不断增长，增长阈值为 Δr，记录半径 r 增长时落入圆柱中点的数量的变化率 t，根据 t 确定设备电线分割点位置；③使用 DBSCAN 算法对电线端点进行聚类。为了实现电线数据的完全分割，在细分割阶段首先要对电线端点中的所有候选点进行主成分分析（principal component analysis，PCA）以获取电线端点数据中的线型点，然后以端点中的线型点为初始种子点，以点云的形状特征为区域增长条件，使用改进区域增长算法进一步对电线点云进行分割。

1. 确定设备中心轴线

在去除距离主体设备较远的点云之前，需要先确定设备的中心轴线位置。所以首先沿着 z 轴方向进行分层，然后以每层所有点坐标的平均值作为每层点云数据的重心 Q_i，可用式（5.2）表示：

$$Q_i = \frac{1}{n_i} \sum_{j=1}^{n_i} (x_j, y_j, z_j) \tag{5.2}$$

式中：i 为分层数；n_i 为对应层内的点云数目；(x_j, y_j, z_j) 为点云中某一点的坐标。

在确定每层的重心 Q_i 后，将所有重心点投影至 xOy 平面。由于变电站设备形状奇特且附带电线数据，投影后的重心点并不完全重合。图 5.3（a）所示为设备 5kV500_DS_3DD_2 的电气设备投影图。MeanShift 算法可以在所有点的局部密度最大值处收敛，因为使用 MeanShift 算法可确定设备的中心轴线位置。

MeanShift 算法的基本原理是：计算当前坐标点与其 K 近邻偏移向量的均值，然后移

47

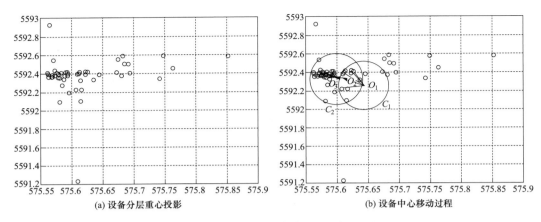

(a) 设备分层重心投影　　　　　　　　　(b) 设备中心移动过程

图 5.3　$n=50$ 时设备分层重心投影图

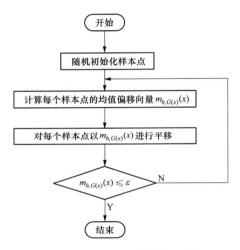

图 5.4　MeanShift 算法流程

动到新的聚类中心，并以此为新起点，进行不断迭代，直到满足条件。其算法流程如图 5.4 所示。

如图 5.3（b）所示，O_1 表示目标起点，C_1 和 C_2 为监视框，MeanShift 算法首先计算 O_1 与其半径 R 内 K 近邻偏移向量的均值 M，获得下一步偏移的方向，然后将聚类中心更新为 O_2，并不断进行迭代，直到与 O_3 重合为止。具体步骤包括：

（1）偏移向量均值 M 的计算。在二维空间中有 n 个样本点，在空间中任选一点 x，MeanShift 向量可以用式（5.3）表示：

$$M_h = \frac{1}{k} \sum_{x_i \in S_h} (x_i - x) \tag{5.3}$$

式中：k 为 n 个样本点中落入 S_h 的数目；S_h 为一个半径为 h 的二维圆区域，并满足式（5.4）表示的关系：

$$S_h(x) \equiv \{ y : (y-x)^{\mathrm{T}} (y-x) \leqslant h^2 \} \tag{5.4}$$

（2）在实际应用时，需要在基本的 MeanShift 向量中加入核函数。高斯核函数是最常用的密度函数，其具体定义可用式（5.5）表示：

$$K(x) = c_{k,d} k(\| x \|^2) \tag{5.5}$$

通过高斯核函数的转换，MeanShift 算法偏移向量均值的计算公式变为式（5.6）：

$$\hat{f}_{h,K(x)} = \frac{c_{k,d}}{nh^d} \sum_{i=1}^{n} k\left(\left\| \frac{x-x_i}{h} \right\|^2 \right) \tag{5.6}$$

求式（5.6）的梯度，可以得到：

$$\nabla \hat{f}_{h,K(x)} \equiv \nabla \hat{f}_{h,K(x)} = \frac{2c_{k,d}}{nh^{d+2}} \sum_{i=1}^{n} (x-x_i) k'\left(\left\| \frac{x-x_i}{h} \right\|^2 \right)$$

$$=\frac{2c_{k,d}}{nh^{d+2}}\left[\sum_{i=1}^{n}g\left(\left\|\frac{x-x_i}{h}\right\|^2\right)\right]\left[\frac{\sum_{i=1}^{n}x_ig\left(\left\|\frac{x-x_i}{h}\right\|^2\right)}{\sum_{i=1}^{n}g\left(\left\|\frac{x-x_i}{h}\right\|^2\right)}-x\right] \quad (5.7)$$

其中，$g(s)=-k'(s)$，由于式（5.7）第二项的向量方向与梯度方向一致，偏移向量可用式（5.8）表示：

$$m_{h,G(x)}(x)=\frac{\sum_{i=1}^{n}x_ig\left(\left\|\frac{x-x_i}{h}\right\|^2\right)}{\sum_{i=1}^{n}g\left(\left\|\frac{x-x_i}{h}\right\|^2\right)}-x \quad (5.8)$$

（3）当且仅当 $m_{h,G(x)}(x)=0$ 时 $\nabla\hat{f}_{h,K(x)}=0$，此时可以得到新的圆心坐标，见式（5.9）：

$$x=\frac{\sum_{i=1}^{n}x_ig\left(\left\|\frac{x-x_i}{h}\right\|^2\right)}{\sum_{i=1}^{n}g\left(\left\|\frac{x-x_i}{h}\right\|^2\right)} \quad (5.9)$$

以新圆心坐标为新的起点，重复步骤（1）和步骤（2），使得聚类中心不断向概率密度上升的区域移动，最终确定聚类中心 O_3 的具体位置，得到设备的中心轴线。

2. 确定分割点

使用 MeanShift 算法确定设备主体中心轴线后，利用圆柱增长法对距离设备中心较远的电线数据进行去除。首先以设备中心轴线 l 为圆柱中心，初始化圆柱 h，设圆柱 h 的初始半径为 r，半径的增长阈值为 Δr；然后使圆柱 h 的半径逐次增加 Δr，记录设备点云数据落入圆柱 h_i 和 h_{i+1} 之间的点的数目 n，当落入圆柱中的点云数目与设备点云数目之差小于给定阈值时，圆柱的半径增长终止。图 5.5（a）展示了三维空间中圆柱增长的过程。

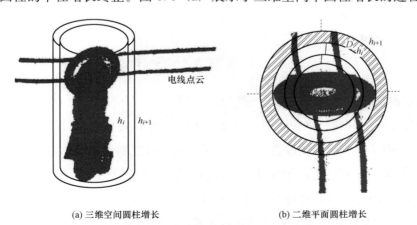

(a) 三维空间圆柱增长   (b) 二维平面圆柱增长

图 5.5　三维空间中圆柱增长的过程

当圆柱增长时，由于电线点云密度和设备本体点云密度有较大差异，所以在电线点云分布的位置圆柱半径 r 增长时，落入圆柱 h_i 和 h_{i+1} 之间的点数较少且分布较为均匀。如图 5.5（b）所示，h_i 和 h_{i+1} 之间的圆环即为分割位置 D，从这个位置开始，所有远离设备中心轴线的电线点云都被删除。为了确定分割点 D，在圆柱半径 r 增长时，统计每次落入圆柱 h_{i+1} 和 h_i 之间的点数的变化率 t 可用式（5.10）表示：

$$t_i = \frac{n_{i+1} - n_i}{N} \times 100\%$$ (5.10)

式中：N 为设备点云包含的点的数量。

在圆柱增长完毕后，通过变化率 t 来确定分割点的位置。若变化率 t_i 小于阈值 ω，且索引 i 后所有变化率皆小于该阈值 ω，则判定 i 处为分割点。在圆柱半径为 r_i 处对变电站设备点云进行初步分割，如果点云中某点与中心轴线的距离大于 r_i，则将该点删除。

3. 确定电线端点

由于变电站中设备种类繁多，各个设备所附带电线的位置和数量也有差别，如图 5.6 所示。由于在粗分割时无法确定设备所包含的电线数目 l，所以在确定分割点后需要确定需要分割的电线端点的数量和位置。

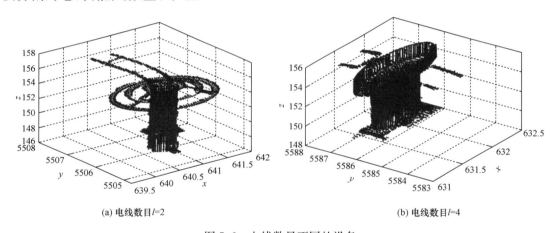

(a) 电线数目l=2　　　　　　　　　　　　(b) 电线数目l=4

图 5.6　电线数量不同的设备

为了确定设备所附带的电线的端点数目，采用 DBSCAN 算法对电线端点进行聚类。在使用 MeanShift 算法和圆柱增长法进行初步分割后，可以确定电线端点簇 $S = \{d_i \mid i = 1, 2, \cdots, l\}$，如图 5.7 所示，该设备共包含 4 个端点，且各端点之间不存在粘连。

DBSCAN 算法实现端点聚类的输入对象包括初始点云数据集，数据集包含 n 个对象，输入参数包括半径 Eps 和最少点 $MinPts$，输出为一组簇集合。主要流程如下：

（1）将电线端点点云中的所有对象标记为未处理状态。

（2）随机选取一个未被标记的点 p_i，$i \in \{1, 2, 3, \cdots, n\}$，检查点 p_i 的 Eps 邻域。

（3）若点 p_i 的 Eps 邻域包含对象个数大于等于 $MinPts$，则标记点 p_i 为核心点；若点

p_i 的 Eps 邻域包含对象个数小于 MinPts，则将点 p_i 标记为边界点或噪声点。

（4）若 p_i 为核心点，则建立新簇 C，计算 C 中能够连通的所有核心点，将核心点集以及与核心点距离小于 Eps 的点加入 C 中，当没有新的点加入 C 中时，进行下一步。

（5）重复步骤（2）～步骤(4)，直到所有核心点都被访问为止。

（6）修改半径 Eps 和最少点 MinPts，对比聚类效果。

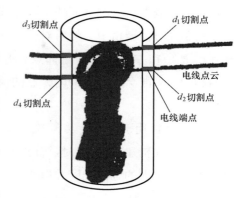

图 5.7　端点簇示意图

DBSCAN 算法可以较好地实现电线端点点云的聚类，但是由于设备点云形状比较特殊，在通过 DBSCAN 算法确定端点数量之后，需要对端点进行进一步检测。可以通过端点的空间分布、端点之间的距离和端点所处高度等对聚类结果进行判断，最终确定电线端点的位置和数量。

4. 获取点云形状特征

（1）点云邻域查找方式。通过三维激光扫描仪获取的点云数据属于散乱点云数据。散乱点云数据虽然可以表征三维目标的表面轮廓，但其本身并不具备拓扑关系，而是在空间中呈现出一种杂乱无章的状态。在对散乱点云数据的局部特征进行分析时，需要先获取点的邻域信息，建立点云各点之间的拓扑关系。

目前常见的邻域搜索方法主要分为两类：K 近邻搜索和 R 邻域搜索。K 近邻搜索是一种距离约束搜索方法，可以获取距离空间某点最近的 K 个点，图 5.8（a）所示为 $K=6$ 时的 K 近邻结构；而 R 邻域仅搜索在半径 R 内的点，图 5.8（b）所示为半径为 R 的邻域结构。

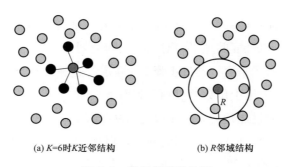

(a) $K=6$ 时 K 近邻结构　　(b) R 邻域结构

图 5.8　常见邻域结构图

根据 K 近邻搜索可以获取指定点附近的 K 个点的特性，在后续点云分割时使用 K 近邻搜索来对点云的局部特征进行分析。目前，获取点云的 K 近邻的方法主要有八叉树法和 K-D 树法。

八叉树法获取点云的 K 近邻时，首先使用八叉树对点云数据进行体素化，将点云中的点存储在小立方体栅格中。然后对于空间中的某一点 P，根据其在八叉树中的索引信息可以找到点 P 所在方格的 K 个近邻点。但该方法在获取点的 K 近邻时，受限于八叉树剖分层数的影响，可能会造成方格内无点的情况，因此八叉树法仅适用于空间分布较为均匀的点云数据。

$K\text{-}D$ 树法可用于快速检索 K 维空间中的点，其每个节点都为 K 维向量，表示对 K 维空间的划分。在构建 $K\text{-}D$ 树时，首先要计算数据集在每个维度上的方差，然后以方差最大的维作为当前节点的分割维度并以当前维的中位数分割数据。另外，根据树的深度轮流选择轴作为分割面。图 5.9 所示分别为 $K=2$ 和 $K=3$ 时的 $K\text{-}D$ 树空间划分示意图。

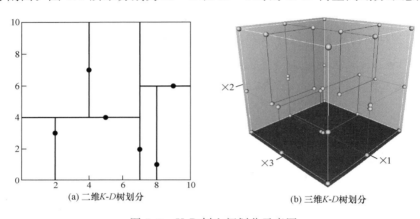

(a) 二维 $K\text{-}D$ 树划分   (b) 三维 $K\text{-}D$ 树划分

图 5.9 $K\text{-}D$ 树空间划分示意图

$K\text{-}D$ 树通过超平面将三维空间递归分割成多个子空间来实现三维点云局部邻域的快速检索。对于原始点云集 D，建立 $K\text{-}D$ 树的步骤如下：

1）确定 split 域。计算集合 D 中的每一维度的方差 S_i，挑选出方差最大的维度作为 split 的值。

2）确定 Node-data 域。对 split 域中的值进行排序，将该维度的中位数选为 Node-data，通过该中位数实现垂直于该维度的超平面对三维空间的划分。

3）确定左子平面和右子平面。通过步骤 2）确定的超平面对空间进行分割，小于中位数的点划分到左子平面，大于中位数的点划分到右子平面。

4）重复上述步骤，通过递归的方式完成对 $K\text{-}D$ 树的构建。

利用八叉树法可以快速完成体素空间的划分，但是由于实际变电站设备点云数量巨大，并且形状多样，空间分布不均匀，所以使用八叉树法进行 K 近邻检索并不能满足实际要求。利用 $K\text{-}D$ 树搜索 K 近邻时，并不局限于点云的数量和空间分布，且具有占用存储空间小、搜索速度快等特点。对比分析可知，应以 $K\text{-}D$ 树来组织点云以获取点云任意点的 K 近邻。

（2）点云形状特征获取。主成分分析法是一种被广泛使用的数据降维算法。利用主成

分分析法可以从 n 维原始数据中选出多组正交的坐标轴，新的坐标轴方向和原始数据关系紧密。其中，第一个坐标轴的方向是所选数据中方差最大的数据的方向，第二个坐标轴与第一个坐标轴所在平面正交，并且第二个坐标轴的方向是剩余数据中方差最大的数据的方向，其余以此类推。基于这一特性，利用主成分分析法获取输入点云数据的三个主要方向和对应的特征值，并利用这三个主要方向对应的特征值推导出点云中点的三种形状特征——线型点、面型点和散乱点。图 5.10 所示分别为线型区域、面型区域和散乱区域，其中包含的点分别为线型点、面型点和散乱点。

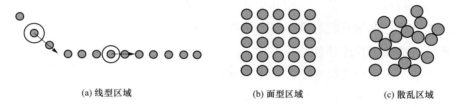

| (a) 线型区域 | (b) 面型区域 | (c) 散乱区域 |

图 5.10 点云的不同空间结构

基于主成分分析法的点云形状特征获取主要步骤如下：

1）获取点云中某一点 p 的 K 近邻。根据输入的点云构建 $K\text{-}D$ 树，对于空间中某一点 $p(x，y，z)$，利用 $K\text{-}D$ 树法搜索点 p 的 K 近邻 $p_i = \{(x_i，y_i，z_i) \mid i = 1，2，3，\cdots，k\}$。

2）根据获取的 K 近邻建立协方差矩阵 $\boldsymbol{M}$，见式（5.11）和式（5.12）：

$$Cov(X,Y,Z) = \begin{bmatrix} Cov(X,X) & Cov(X,Y) & Cov(X,Z) \\ Cov(Y,X) & Cov(Y,Y) & Cov(Y,Z) \\ Cov(Z,X) & Cov(Z,Y) & Cov(Z,Z) \end{bmatrix} \tag{5.11}$$

$$Cov(X,Y) = E[X - E(X)]E[Y - E(Y)] \tag{5.12}$$

式中：X、Y、Z 代表 K 近邻三个维度的数据。

3）通过 SVD 计算协方差矩阵 $\boldsymbol{M}$ 的特征值 $\lambda_1 \geqslant \lambda_2 \geqslant \lambda_3 \geqslant 0$ 和各特征值对应的特征向量 $\boldsymbol{v}_1$、$\boldsymbol{v}_2$、$\boldsymbol{v}_3$，令 $\sigma_j = \sqrt{\lambda_j}$，$\forall j \in [1，3]$，代表标准偏差。

4）使用特征值推导出三种几何特征，见式（5.13）：

$$a_{1D} = \frac{\sigma_1 - \sigma_2}{\mu}，a_{2D} = \frac{\sigma_2 - \sigma_3}{\mu}，a_{3D} = \frac{\sigma_3}{\mu} \tag{5.13}$$

其中，$\mu = \sigma_1$，a_{1D}，a_{2D}，a_{3D} 分别表示该点属于三种形状特征的概率，由式（5.13）可以进一步推导点 p 的形状特征指数，见式（5.14）：

$$d_p = \mathrm{argmax}[a_{dD}]，d \in [1,3] \tag{5.14}$$

获取点云的形状特征指数后，对点 p 的形状特征进行判断，当 $\sigma_1 \gg \sigma_2$，$\sigma_3 \approx 0$ 时，a_{1D} 远大于 a_{2D} 和 a_{3D}，如图 5.10（a）所示，该区域仅在一个方向拟合残差较大，$d_p \approx 1$，认为该点属于线型点；当 σ_1，$\sigma_2 \gg \sigma_3 \approx 0$ 时，判定该区域为面型区域，该点属于面型点；当

$\sigma_1 \approx \sigma_2 \approx \sigma_3$ 时，判定该区域为散乱区域，该点属于散乱点。判断某点的具体类型的目的在于去除电线点云数据，电线点云所包含的点绝大部分为线型点，所以可以用来作为细分割的特征。

5.3.3 电线分割

粗分割阶段并不能保证设备本体上完全不包含电线点云，使用圆柱增长法可以快速、有效地去除部分电线点云数据，但是在圆柱内部仍然包含部分电线点云数据，这部分电线点云的存在会影响后续对设备的识别和重建，所以必须将该部分点云从设备主体上分割出来。相较于粗分割，在细分割阶段需要进一步对设备进行分割以保证电线点云被完全去除，这是一项更具挑战的细粒度任务。

使用传统的基于模型的区域增长法选取初始种子点和区域生长规则时，一般基于点云数据的几何信息，如数据点的法向量、曲率等。由于变电站设备点云形状不规则，不具有明显的平面信息，使用法向量或曲率作为区域生长条件很难取得好的分割效果，所以提出了基于点云形状特征的区域增长算法以进一步去除电线点云。

在进行变电站设备附属电线点云细分割时，种子点的选取直接影响分割效果。通常种子点的选取方式随机选取和人工选取有两种。由于点云数据包含的噪声点较多，采用上述两种方式对结果影响较大，结果很难收敛，所以对区域增长算法进行改进，采取电线端点中的线型点作为初始种子点。

改进的区域增长算法流程如图 5.11 所示，主要步骤包括：

（1）建立一个空的种子堆栈 A，对于设备点云 S，其对应的分割点 d_i，$i=1$，2，3，…，l，l 为电线的数目，选择分割点 d_i 中的线型点作为初始种子点并加入种子堆栈 A 中。

（2）对于种子堆栈 A 中的点 p，获取其邻域的每个点 p_j，由点云的形状特征判断点 p_j 是否为线型点。如果是线型点，则将 p_j 压入种子堆栈 A 中，作为子种子点继续增长；如果不是线型点，则不加入种子堆栈 A。

（3）遍历种子堆栈 A 中的种子点，重复步骤（2），直到没有新的种子点出现或种子堆栈 A 为空。

（4）重复上述步骤，直到每个分割点附近的电线数据被去除。

5.3.4 实验结果及分析

本次实验所用计算机的主要配置为：操作系统为 64bit Windows 10，CPU 型号为 Core i7-7700HQ，主频 2.8GHz，内存 16GB，实验平台为 MATLAB R2020a。实验所用数据包括合作公司提供的测试数据 303 组，从变电站场景点云中分割出的数据 64 组，其中包括电压互感器、断路器等十余种电气设备的数据。实验的主要目的在于实现变电站附属电线点云的完全去除。实验包括两个部分：①使用 MeanShift 算法和圆柱增长法进行粗分割；

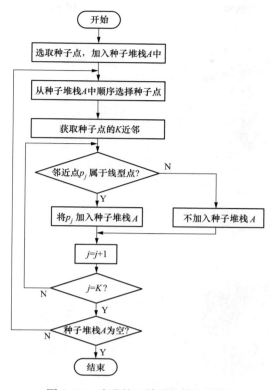

図 5.11 改进的区域增长算法流程

②确定分割点数量，使用点云的形状特征作为区域增长的条件，进行细分割。

1. 评价标准

以算法运行时间、分割精度和分割准确率作为电线分割效果的评价标准。算法的运行时间可以通过计时器完成。电线分割的实质是将电线点云从变电站设备中去除，根据这一特点，分割准确率和分割精度可用式（5.15）和式（5.16）定义：

$$\text{accuracy} = \frac{TP + TN}{TP + FN + FP + FN} \times 100\% \tag{5.15}$$

$$\text{precision} = \frac{TP}{TP + FN} \times 100\% \tag{5.16}$$

式中：TP、TN、FP、FN 分别为真正例、真反例、假正例、假反例，且 $TP + TN + FP + FN = N$；N 为样本总数量。

2. 电线数据粗分割

粗分割阶段的实验对象为带有电线的电气设备，实验个数为 50 个。首先在 z 轴方向对获取的设备点云分层，确定每层点云的重心坐标并投影至二维平面。实验发现，在阈值 $\varepsilon = 0.001$、层数 $n > 50$ 时使用 MeanShift 算法可以准确定位设备的中心轴线，使用 RANSAC 算法确定设备中心轴线时会出现轴线偏离中心的情况，上述两种情况的部分对比结果如图

5.12 所示。

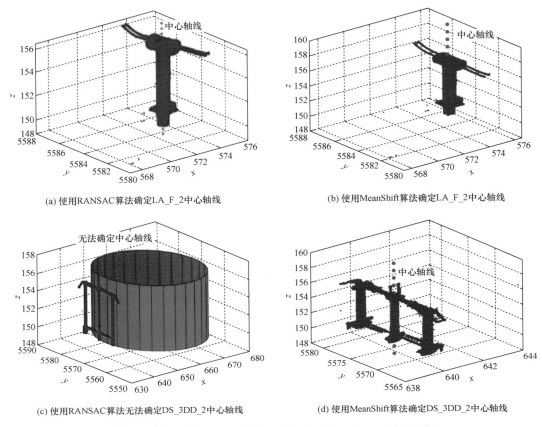

(a) 使用RANSAC算法确定LA_F_2中心轴线　　　　(b) 使用MeanShift算法确定LA_F_2中心轴线

(c) 使用RANSAC算法无法确定DS_3DD_2中心轴线　　(d) 使用MeanShift算法确定DS_3DD_2中心轴线

图 5.12　使用 RANSAC 算法与 MeanShift 算法的部分结果对比

如图 5.12 所示，对于单基座设备，使用 MeanShift 算法和 RANSAC 算法都可以定位设备中心轴线位置；而对于多基座设备，RANSAC 算法失效。对 50 组设备进行测试，结果见表 5.1。对比发现，MeanShift 算法的准确率为 100%，取得了最佳的结果；而 RANSAC 算法定位设备中心轴线的准确率仅为 48%，主要原因是使用 RANSAC 算法拟合圆柱时无法区分单基座设备和多基座设备。变电站设备多为多基座设备，使用 RANSAC 算法无法有效确定设备的中心轴线位置。

表 5.1　　　　　　　　　　**使用 MeanShift 算法与 RANSAC 算法的测试结果**

设备类型	是否有效确定中心轴线	
	MeanShift 算法	RANSAC 算法
kV500_CP_C_1	是	是
kV500_CP_D_7	是	是
kV500_LA_E_1	是	否
kV500_PT_E_1	是	否

设备类型	是否有效确定中心轴线	
	MeanShift 算法	RANSAC 算法
kV500_CP_D_5	是	是
kV500_DS_3D_2	是	否
kV500_DS_3DD_2	是	否
kV500_ES_A_1	是	是
...	...	...
正确总计	50/50	24/50

在确定设备点云的中心轴线后，实验通过圆柱增长法来确定分割点。首先通过统计半径增长时落入相邻圆柱体 h_i 和 h_{i+1} 之间的点的数量，得到点云数据点的变化率 t_i；对于某索引对应的变化率 t_i，若 t_i 小于阈值 ω，并且该索引后所有变化率均小于阈值 ω，则将该索引对应的圆柱半径 r_i 作为分割点，实现电线数据的初步删除。实验证明，当变化率阈值 ω 设定为 0.16% 时，可以满足要求。对 50 组数据进行测试，具体结果见表 5.2；以设备 kV500_DS_3D_2 为例，结果如图 5.13 所示。

表 5.2 粗分割结果

设备类型	是否有效切割电线
kV500_CP_C_1	是
kV500_CP_D_7	是
kV500_LA_E_1	是
kV500_PT_E_1	是
kV500_CP_D_5	是
kV500_DS_3D_2	否
kV500_DS_3DD_2	是
kV500_ES_A_1	是
kV500_LA_G_1	是
kV500_ZUBOQI_C_1	是
...	...
正确总计	49/50

其中，仅有 kV500_DS_3D_2 没有被分割成功，如图 5.14 所示。由于该设备的电线位于设备中心，电线与设备粘连，粗分割算法无法去除。但粗分割算法可以有效去除设备周边的电线数据，且电线位于设备中心的设备极少，因此正确分割率达 98%。

3. 电线数据细分割

在细分割阶段，实验采用点云的形状特征作为区域生长的生长规则，在确定点 p 的形状特征时，需要获得其 K 个近邻点，不同的 K 值可能会导致不同的分割结果。因此，选择不同

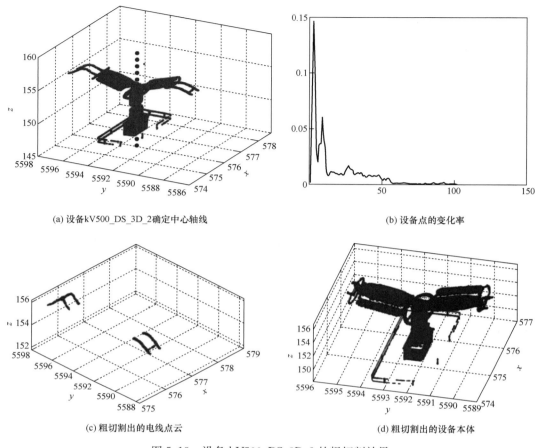

(a) 设备kV500_DS_3D_2确定中心轴线

(b) 设备点的变化率

(c) 粗切割出的电线点云

(d) 粗切割出的设备本体

图 5.13　设备 kV500_DS_3D_2 的粗切割效果

的 K 值进行实验，以得到最佳 K 值。图 5.15 所示为不同变电站设备 K 近邻选取与分割结果的变化关系，其中横轴代表 K 值变化，纵轴代表被删除电线点的数量 n。通过与人工分割电线的效果相比较，当 $K=35$ 时可以实现电线的完全分割，所以选择 35 为最佳 K 值。

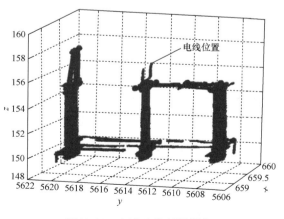

图 5.14　未准确分割的设备

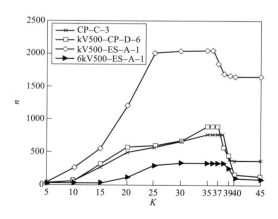

图 5.15　K 近邻选取与分割结果的变化关系

这里以设备 CP_C_3 为例展示粗细分割效果，如图 5.16 所示。

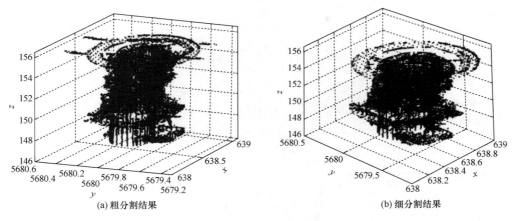

(a) 粗分割结果　　　　　　　　　　　　　　(b) 细分割结果

图 5.16　粗细分割对比

由图 5.16 可以看出，算法对设备点云 CP_C_3 的细分割效果精确，采用以点云形状特征作为区域生长准则在变电站设备点云分割中取得了很好的效果。实验共选取 367 组含有电线的设备进行分割，成功将 352 组设备附属的电线成功去除，分割成功率为 95.91%，具体结果见表 5.3。

表 5.3　　　　　　　　　　　　　　　　电线去除效果统计

序号	设备类型	是否成功	电线点数量	耗时	准确率	精度
1	kV500_CP_C_3	是	1521	2.56s	99.93%	99.61%
2	kV500_CP_D_6	是	641	2.4s	97.42%	96.80%
3	kV500_ES_A_1	是	3815	31.19s	98.36%	97.85%
4	kV500_PT_E_1	是	1106	1.7s	100%	100%
5	kV500_CP_D_5	是	1771	3.70s	97.24%	96.74%
6	kV500_PT_E_6	是	1943	35.03s	99.01%	96.25%
7	kV500_DS_3DD_2	是	2585	16.00s	97.99%	96.97%
...	...	...	...	...		
	正确总计		352/367			

将基于点云形状特征的区域生长电线分割算法与基于锥形搜索的变电站附属电线分割算法、基于线特征的电线分割算法进行比较。基于锥形搜索的电线分割算法在进行电线分割时，首先需要不断旋转来检测电线端点位置，在检测到端点以后使用 K-means 算法不断向前聚类，聚类的同时需要设置搜索方向，当搜索到设备本体时聚类终止。基于线特征的电线分割算法在进行电线分割时，首先在局部邻域内对点云中点的空间特征进行分析，当局部邻域呈线性分布时认为该点属于电线点，然后通过遍历设备点云来获取所有电线点以完成电线分割。实验对象为 303 组测试数据和从变电站场景点云中分割出的 64 组数据，并对使用不同算法的分割效果进行对比。实验以分割精度、准确率和分割时间作为评价标准，

部分结果见表 5.4，部分实验效果如图 5.17 所示。

表 5.4   **分割效果对比**

算法	标准	设备名称			
		CP_C_3	CP_D_6	ES_A_1	PT_E_1
基于点云形状特征的区域生长电线分割算法	精度	99.61%	96.80%	97.85%	100%
	准确率	99.93%	97.42%	98.36%	100%
	分割时间	2.56s	2.4s	31.19s	1.7s
基于锥形搜索的电线分割算法	精度	89.00%	90.73%	92.81%	99.12%
	准确率	98.66%	94.66%	94.28%	98.56%
	分割时间	3.78s	8.63s	46.88s	13.26s
基于线特征的电线分割算法	精度	80.26%	89.00%	91.17%	100%
	准确率	97.70%	92.23%	95.81%	98.75%
	分割时间	26.25s	10.91s	34.72s	13.94s

结合图 5.17 和表 5.4 可以看出，基于锥形搜索的电线分割算法在实现电线去除时，受限于端点搜索的准确性和锥形搜索角度的选取，在设备点云不存在重影和噪声较少的情况下表现较好，可以较好地实现电线数据的去除。但在实际情况下，变电站设备附属电线基本为曲线，且存在电线过长和过短的问题，这将导致电线端点识别困难，且固定的搜索方向可能会导致电线方向搜索错误，最终导致分割精度较低。而基于线特征的电线分割算法在进行电线分割时需要遍历设备的所有点，所以耗时较长，且可能会将设备点云中一些呈线性分布的对象误判为电线，从而导致分割精度较低，造成设备点云缺失，影响后续的识别工作。而基于点云形状特征的区域生长电线分割算法在较好地定位电线端点的同时可以去除部分电线，且耗时较短；基于点云形状特征的区域增长法的细分割可以不用设置搜索方向，并且可以较好地区分设备本体点和电线点。

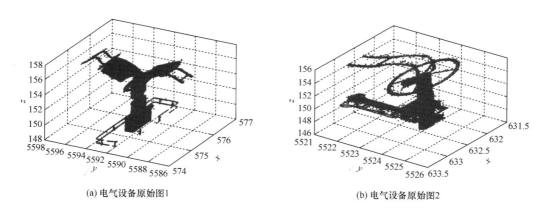

(a) 电气设备原始图1   (b) 电气设备原始图2

图 5.17   电气设备采用不同分割算法的分割视图（一）

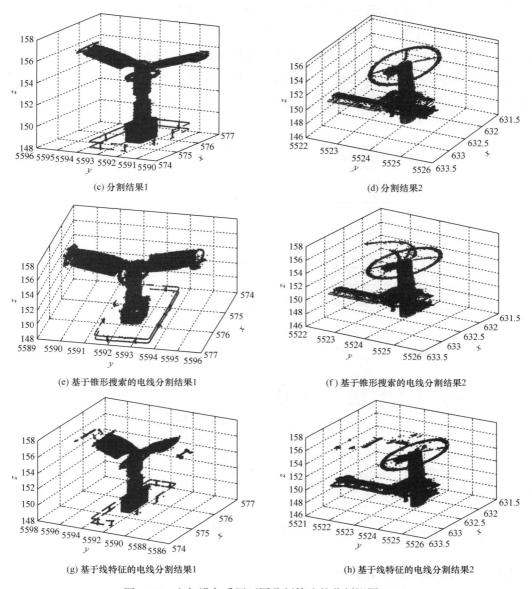

(c) 分割结果1   (d) 分割结果2

(e) 基于锥形搜索的电线分割结果1   (f) 基于锥形搜索的电线分割结果2

(g) 基于线特征的电线分割结果1   (h) 基于线特征的电线分割结果2

图 5.17   电气设备采用不同分割算法的分割视图（二）

5.4   基于锥形搜索的电线分割

5.4.1   算法流程

    在对电线进行分割时，具体的实现流程如下：首先利用八叉树法对三维点云数据进行降噪处理，通过绕 z 轴进行旋转来改变设备的位置，旋转的目的是尽量使电线的分布沿着 x 轴的方向，通过这一步可以得到两个可能的电线端点，利用 K-means 聚类算法以及最近邻搜索算法寻找电线的另外两个端点，即可得到四个可能的电线端点。其次通过电线的存

61

在特征判断查询到的端点是否为电线的端点，通过空间三维点云拟合和最近邻搜索方式确定电线数据，同时解决电线点云缺失问题。最后利用锥形搜索方式对搜索的方向进行限制，找出电线的数据并去除。图 5.18 展示了电线分割算法的总体实现流程，其中 I 是指电线的端点数。通过对大量的变电站设备进行测试，可以发现电线的端点数最多有 4 个。所以，在图 5.18 中，如果 $I>4$，则电线分割算法将会终止。图 5.19 展示了电线存在和电线端点的位置。

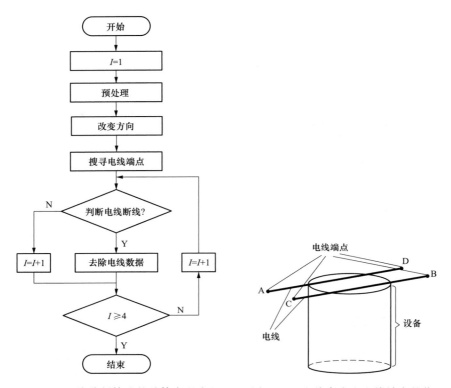

图 5.18　电线分割算法的总体实现流程　　图 5.19　电线存在和电线端点的位置

电线分割算法的具体步骤如下：

第一步：改变设备的方向，查询电线的两个可能端点。

第二步：利用 K-means 方法和最近邻域搜索方式查询电线的另外两个可能的端点。

第三步：根据电线端点存在的本质特征，判断可能的电线端点是否为真正的电线端点。

第四步：通过空间三维空间直线拟合的方式确定电线数据并且解决电线点云缺失问题。

第五步：利用锥形搜索的方式限制搜索的方向，找出电线的数据并去除。

5.4.2　电线分割过程

1. 改变设备方向

定方向的主要目的是确定电线的大致方向，使电线的分布尽量沿着 x 轴的方向，以方便后面对电线端点的搜索。定方向的具体过程为：将变电站设备的点云数据以 z 轴为旋转中心进行旋转，整体旋转 $180°$，在此期间计算出 x 轴上偏差最大的两个点，取出 x 轴上两点的坐标，即可完成改变设备方向过程。经过这一步的操作，可以找到电线的两个可能存在的端点，即在 x 轴上坐标偏差最远的两个点。在实际的测试中，将变电站设备中的电线在 xOy 平面上投影，此时的电线绝大多数都会突出设备本体之外，只有少数的设备会出现在设备本体之内。

如果设备电线在 xOy 平面上的投影突出设备的本体之外，此时找到的两个点中其中一个属于电线的一端；如果电线没有突出设备的本体之外，可以对搜索到的电线端点进行判断，并将不是真正的电线端点的点舍弃，不再对该点进行电线数据的搜索操作。图 5.20 和图 5.21 分别展示了设备电线的投影处于设备本体之外和设备本体之内的情况。

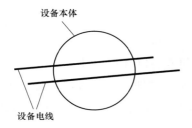

图 5.20　设备电线的投影处于设备主体之外

图 5.21　设备电线的投影处于设备主体之内

假设设备上半部分数据表示为 S，$\boldsymbol{R}$ 表示旋转矩阵，θ 表示旋转角度，则 $\boldsymbol{R}$ 和旋转后的设备数据 Z 可以用式（5.17）和式（5.18）表示：

$$\boldsymbol{R} = \begin{bmatrix} \cos\theta & -\sin\theta & 0 \\ \sin\theta & \cos\theta & 0 \\ 0 & 0 & 1 \end{bmatrix} \tag{5.17}$$

$$Z = S * \boldsymbol{R} \tag{5.18}$$

2. 搜索电线的端点

经过定方向操作可以查询到电线的两个端点，然后将设备向 xOy 平面上投影，利用 K-means 聚类算法搜索到电线的另外的两个对应端点。图 5.22 所示为设备 CP_C_3 在 xOy 平面上的投影。

在改变设备方向的过程中，可以得到两个可能的电线端点，记为 A 和 B，且 AB 之间的连线在 x 轴上，如图 5.23 所示。具体的搜索过程如下：

（1）经过 A 点做线段 AB 垂线 L_1，做直线 L_2，L_1 平

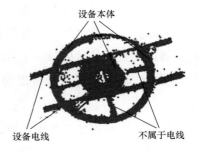

图 5.22　设备 CP_C_3 在 xOy 平面上的投影

行于 L_2，且 L_1 与 L_2 之间的距离为电线直径 d。L_1 和 L_2 围成了一个二维散点集合，记为 Q，如图 5.23 所示。可以通过检测 Q 可分为几个区域来判断此时 Q 经过几条电线。检测 Q 经过几个区域的具体过程为：在图 5.24 中，遍历二维区域 Q 中的所有点，若点 m 距离其他点 n 的距离大于 $d_1/2$，且 m 和 n 的个数都大于5，则认为此时 Q 经过两个区域，即经过两根电线，否则经过一根电线。其中，d_1 为两根电线之间的距离。

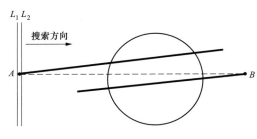

图 5.23   二维散点集合 Q

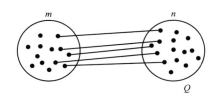

图 5.24   决定搜索的方向示意图

（2）若经过一个区域，如图 5.25 所示，将 L_1 和 L_2 向右移动，移动距离为 $d/3$。在移动过程中，每移动一次对新产生的二维集合进行判断。当搜索的二维散点集合可以划分为两个区域（Q_1、Q_2）时，停止搜索过程。此时，前一个经过的区域为 Q_1。接着利用 K-means 聚类算法对 Q_2 和 Q_1 进行分析。将两个区域的聚类中心分别设置为两个和一个，初始的聚类中心设置为随机，得到的聚类中心分别为 C、C' 和 C''。然后计算 C'' 与另外两点之间的欧式距离，d_1 表示 C'' 与 C 之间的距离，d_2 表示 C'' 与 C' 之间的距离。若 $d_1 > d_2$，则 C 点为电线的另一端点，反之 C' 为电线的另一端点。

若经过两个区域，此时应该将直线 L_1 和 L_2 向左移动。当判断二维集合可以划分为一个区域时，停止搜索过程。采用上述的聚类方法，可以确定电线的另一个端点。

（3）同理，在 B 点做直线 AB 的两个平行线，采用步骤（3）中的聚类方法确定电线的另一个可能端点 D。下面是 K-means 聚类算法的具体实现流程：

第一步：随机从样本中选出 K 个点，并将这 K 个点作为最初的聚类中心点。

第二步：计算出每一个待聚类的点到最初的聚类点之间的距离，采用的方法是欧氏距离。通过相互比较后把每一个待聚类点分配到欧式距离最小的一类。

第三步：通过前两步可以得到初始分类，然后通过计算每一类别的均值来更新聚类中心。

第四步：根据新聚类中心点，重复第二步和第三步，直到聚类中心点不再发生变化才结束循环。

K-means 聚类算法的实现流程如图 5.26 所示。

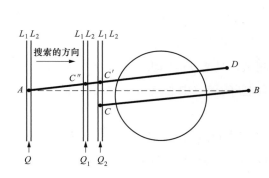

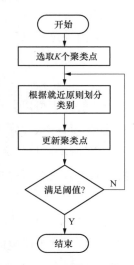

图 5.25 电线端点搜索的过程   图 5.26 K-means 聚类算法的实现流程

通过上述算法可以搜寻出四个可能的电线端点，获取的四个端点在二维平面上，利用投影关系可以找到每一个端点对应的三维点坐标。仅通过上述算法无法确定获得的四个电线端点就是真正的电线端点，还要对电线端点进行进一步检测。可以判断电线端点周围的点云数、同侧两端点之间的距离、端点周围的投影面积和端点的高度四个方面来判断获得的电线端点是否为真正的电线端点，通过这种判断可以得到真正的电线端点。

3. 搜索去除电线数据

通过聚类的方法可以实现对电线端点的确定，通过电线端点可以实现对电线的分割。在分割电线点云数据时，采用的总体思路是从电线端点开始搜索电线的数据，直到找到电线的所有数据。采用空间三维点云拟合的方式将电线数据找出，并通过锥形搜索的方式限制搜索的方向。下面以图 5.27 中的电线端点 A 为例介绍整个搜索过程。

首先从 A 点（电线端点）开始，在 360°范围内进行搜索，以 d_1 为搜索最外围半径，以 d_2 为搜索最内层半径，其中 $d_1 > d_2$。在半径 d_1 和 d_2 之间的"圆环"内，通过聚类确定"圆环"内的中心点 A_1，即可完成搜索电线的第一步。为了避免搜索出错，影响下一次的搜索结果，将上述搜索范围在 d_2 内的点云数据去除。接着将 A_1 点当作新的起始点，在 360°范围内继续搜索，得到新的"圆环"数据。通过对"圆环"内的数据聚类，确定第二次搜索的中心点 A_2，以同样的方式确定下一个中心点 A_3。

前三次的搜索都是在 360°范围内展开的，不具有明确的方向性，因而在第四次搜索时要对搜索的方向进行限制，以保持搜索的方向尽量与电线的实际方向一致。经过前面三次的搜索，可以得到 4 个聚类中心点 A、A_1、A_2、A_3。然后将 4 个聚类中心点进行空间线性拟合，拟合成直线 PQ，并将其作为主方向。接下来的搜索以 A_3 为圆心，d_1 为半径，在 360°范围内进行搜索，形成的点云集合为 C。设 M 为 A 点在直线 PQ 上的垂足，N 为 A_3

在直线 PQ 上的垂足。点 M、N 和 C_i 可以组成一系列三角形，C_i 代表 C 中的任何一个点，在每一个三角形内满足式（5.19）和式（5.20）：

$$\theta' = \angle MNC \tag{5.19}$$

$$\theta = 360° - \theta' \tag{5.20}$$

通过限制 θ 的大小可以舍弃一些不属于电线点云数据的数据，这种方式可以实现限制搜索方向的目的。每一次搜索方向都会改变，整个搜索过程就像一个锥形一样。锥形搜索的方向如图 5.27 所示。经过大量的数据测试，最终 θ 值的大小确定为 85°。$\theta > 85°$ 的点将会被舍弃，剩下的点云集合通过聚类可以得到新的聚类中心点 A_4。参数 θ 的大小在 5.4.3 中展示。

在确定聚类中心点 A_5 时，需要对五个聚类点进行空间线性拟合，这 5 个聚类点为 A、A_1、A_2、A_3、A_4。整个确定的过程和 A_3 到 A_4 的过程一样，也需要对搜索方向进行限制。为了避免电线弯曲对搜索过程产生影响，要改变搜索方向。在每一次搜索的过程中，只对 5 个聚类点进行空间线性拟合，即舍弃最初的聚类点，将最新的聚类中心点加入其中，组成最新的 5 个聚类点组合。例如，下一次搜索的最新组合为 A_1、A_2、A_3、A_4、A_5。

在每一次搜索过程中，要对是否搜索到了设备本体进行判断，以免将设备本体进行多余分割。在判断是否为设备本体时，主要考虑的是检测搜索点周围点云个数的变化，如果点云个数变化比较大，并且比较密集，则可认为搜索到了设备本体，此时应该停止继续搜索。如果没有出现搜索到设备本体的情况，则一直循环，直到搜索到的"圆环"内点云数据的个数为零为止。为了避免电线点云缺失的现象，当点云数据个数为零的情况连续出现超过 15 次时，认为电线搜索完毕。去除搜索到的电线数据，达到去除电线的目的。以电线端点 A 为例，整个电线搜索的过程如图 5.28 所示，其他电线的端点搜索过程与 A 点的搜索过程一致。

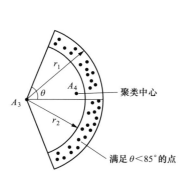

图 5.27　锥形搜索的方向

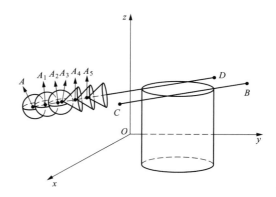

图 5.28　电线搜索的过程

4. 空间点云拟合

利用最小二乘法对每组聚类点进行空间直线拟合，设需要拟合的聚类点的坐标为（x_i，

y_i，z_i），其中 i 表示需要拟合的聚类点的个数。通过对应的投影关系可知，各个点在 xOz 和 yOz 平面上的投影坐标是（x_i，z_i）和（y_i，z_i）。由每个平面上的点，可以拟合成各自平面上的直线，在坐标系 xOz 和 yOz 拟合的两条直线分别表示为：$z=a_1+b_1x$ 和 $z=a_2+b_2y$，显然这两条直线也是需要拟合的直线在坐标系 xOz 和 yOz 中的投影，且平面上的直线 $z=a_1+b_1x$ 和 $z=a_2+b_2y$ 在三维空间内属于两个平面。因此，所利用的空间直线方程就是以上两个平面之间的交线。

聚类点在平面 xOz 内利用最小二乘法拟合的直线方程可以用式（5.21）表示：

$$\begin{cases} na_1+b_1\sum_{i=1}^{n}x_i=\sum_{i=1}^{n}z_i \\ a_1\sum_{i=1}^{n}x_i+b_1\sum_{i=1}^{n}x_i^2=\sum_{i=1}^{n}x_iz_i \end{cases} \tag{5.21}$$

其中，a_1、a_2 可用式（5.22）表示：

$$\begin{cases} a_1=\dfrac{\sum_{i=1}^{n}z_i\sum_{i=1}^{n}x_i^2-\sum_{i=1}^{n}x_i\sum_{i=1}^{n}x_iz_i}{n\sum_{i=1}^{n}x_iz_i-\left(\sum_{i=1}^{n}x_i\right)^2} \\ b_1=\dfrac{n\sum_{i=1}^{n}x_iz_i-\sum_{i=1}^{n}x_i\sum_{i=1}^{n}z_i}{n\sum_{i=1}^{n}x_i^2-\left(\sum_{i=1}^{n}x_i\right)^2} \end{cases} \tag{5.22}$$

最终在 xOz 平面上拟合的直线方程可以用式（5.23）表示：

$$z=\dfrac{\sum_{i=1}^{n}z_i\sum_{i=1}^{n}x_i^2-\sum_{i=1}^{n}x_i\sum_{i=1}^{n}x_iz_i}{n\sum_{i=1}^{n}x_i^2-\left(\sum_{i=1}^{n}x_i\right)^2}+\dfrac{n\sum_{i=1}^{n}x_iz_i-\sum_{i=1}^{n}x_i\sum_{i=1}^{n}z_i}{n\sum_{i=1}^{n}x_i^2-\left(\sum_{i=1}^{n}x_i\right)^2}x \tag{5.23}$$

同理，利用同样方法可以得到聚类点，在 xOy 平面上的直线方程可用式（5.24）表示：

$$z=\dfrac{\sum_{i=1}^{n}z_i\sum_{i=1}^{n}y_i^2-\sum_{i=1}^{n}y_i\sum_{i=1}^{n}y_iz_i}{n\sum_{i=1}^{n}y_i^2-\left(\sum_{i=1}^{n}y_i\right)^2}+\dfrac{n\sum_{i=1}^{n}yz_i-\sum_{i=1}^{n}y_i\sum_{i=1}^{n}z_i}{n\sum_{i=1}^{n}y_i^2-\left(\sum_{i=1}^{n}y_i\right)^2}y \tag{5.24}$$

由式（5.20）、式（5.21）和式（5.22）可得，最后聚类点拟合的空间直线方程可用式（5.25）表示：

$$\begin{cases} z=a_1+b_1x \\ z=a_2+b_2y \end{cases} \tag{5.25}$$

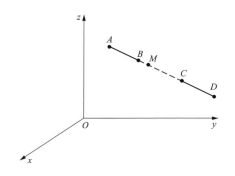

图 5.29　变电站设备电线点云缺失示意图

5. 处理点云缺失问题

在分割电线点云数据的搜索过程中，如果在圆环内的点云个数为零，则应该是出现了点云缺失的问题，不能片面地认为搜索到了电线的终点。解决点云缺失问题的具体的方法是：利用前面搜索到的聚类点拟合成空间直线，然后向前延伸一定的步长 λ。通过向前延伸一定的步长，来确定下一个聚类中心点 M。变电站设备电线点云缺失示意图如图 5.29 所示。

在图 5.29 中，AB 和 CD 代表设备的电线部分，BC 代表电线 AD 之间缺失的部分。在分割电线时，如果不解决电线点云的缺失问题，搜索的过程将会在 B 点停止，不能将电线的 CD 部分进行分割，不能实现电线的完全分割。所以设计算法来解决电线缺失问题对于最终的设备识别是非常重要的。在解决电线点云缺失问题时，A 和 B 的坐标值是已知的。具体的操作是：通过 A 和 B 的坐标值计算 M 点的坐标值，使得搜索过程延伸至 M，达到跳过电线缺失的部分 BM 的目的。搜索点向前延伸的过程，也是补偿电线的过程。经过以上过程可以解决电线点云缺失的问题，其中 BM 的长度设为 λ。

在图 5.30 中，向量 $\boldsymbol{AM}$ 和 $\boldsymbol{BM}$ 可以用式（5.26）和式（5.27）表示：

$$\boldsymbol{AM} = \boldsymbol{OM} - \boldsymbol{OA} \tag{5.26}$$

$$\boldsymbol{BM} = \boldsymbol{OM} - \boldsymbol{OB} \tag{5.27}$$

通过以上对电线点云缺失问题的描述，电线缺失部分 $\boldsymbol{BM}$ 满足式（5.28）的条件：

$$\boldsymbol{AM} = \lambda \boldsymbol{BM} \tag{5.28}$$

将式（5.27）和式（5.28）带入式（5.26）可得：

$$\boldsymbol{OM} - \boldsymbol{OA} = \lambda(\boldsymbol{OM} - \boldsymbol{OB})$$

$$\lambda \boldsymbol{OM} - \boldsymbol{OM} = \lambda \boldsymbol{OB} - \boldsymbol{OA}$$

$$\boldsymbol{OM} = \frac{\lambda}{\lambda - 1}\boldsymbol{OB} - \frac{1}{\lambda - 1}\boldsymbol{OA}$$

即 M 点的坐标可以用式（5.29）表示：

$$\boldsymbol{OM} = \frac{\lambda}{\lambda - 1}\boldsymbol{OB} - \frac{1}{\lambda - 1}\boldsymbol{OA} \tag{5.29}$$

电线点云缺失的程度决定着搜索延伸的次数。经过几次延伸之后，如果在圆环内的电线点云个数不为零，则满足电线特征的条件，通过聚类可以找到此时电线的聚类点。因此，这个新的聚类点的出现，使整个搜索过程跳过了电线缺失的部分，解决了电线点云缺失的问题。其中，需要延伸的步长最多为 15 次，即当搜索点云数据时，如果在搜索范围内的电线点云个数为零，则整个过程需要持续延伸 15 次。如果经过 15 次的延伸，搜索范围内的点云个数仍然为零，则认为从该点分割电线的过程完成。反之，搜索范围内的电线点云个数若不为零，则跳过了电线缺失的部分，从而解决了电线缺失的问题。之后应继续搜索电线，直至将电线数据完全找出，并去除电线的数据。

该算法可以解决具有一定程度缺失的变电站设备的附属电线的分割，缺失的程度主要包含两个方面：

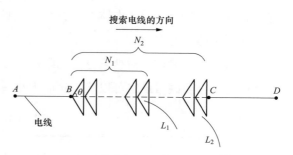

（1）电线数据的缺失长度越长，分割得越不完全，将会导致设备的识别率下降。

（2）在搜索电线点云数据时，电线周围的噪声点将会对整个搜索过程产生影响。如果噪声点过多，将会改变搜索电线的方

图 5.30　电线点云缺失问题的解决过程

向。如果没有噪声点，将不会对分割电线产生影响。图 5.30 展示了电线点云缺失问题的解决过程。

在图 5.30 中，线段 AB、CD、L_1 和 L_2 表示真实变电站设备的电线，BC 表示 AD 之间缺失的部分，θ 是限制电线搜索方向的极限角度值。在搜索电线数据的过程中，如果延伸的次数超过 N_1（换言之，缺失的程度为 N_1），实际的电线 L_1 仍然在锥形搜索范围之内。在这种情况下，该算法可以解决电线缺失问题，实现电线的完全分割。如果延伸的次数超过 N_1，达到了 N_2，此时实际的电线 L_2 不在锥形搜索范围之内。在这种情况下，该算法将不能完全解决电线缺失问题。因此，N_1 的大小是指电线缺失的程度，并且 N_1 的大小取决于延伸的步长 λ。

通过测试大量的附有电线的变电站设备的点云数据，最终 N_1 值设定为 15，步长 $\lambda =$ 0.0505m。换言之，该算法所能解决的电线的最大缺失长度为 $15 \times 0.0504\text{m} = 0.756\text{m}$。如果电线缺失的长度小于 15 次延伸时的长度，该算法可以将电线分割完全。如果需要延伸的次数超过 15，则缺失的总长度将大于 0.756m。如此大的缺失将会造成很大的数据完整性丢失，一般没有办法对电线进行补偿和分割。即使对电线实现了补偿，通常也会出错或没有意义。

5.4.3　实验结果及分析

本实验平台为 MATLAB R2014a，实验数据是通过三维激光扫描仪获取的三维点云数据。测试数据一共有 303 组，其中包括电压互感器、电流互感器、断路器和变压器等十几种设备的数据。本小节主要对三部分内容进行实验：第一部分是分析限制搜索方向对去除电线的影响；第二部分是参数 θ 的确定；第三部分是分析电线分割算法的效果。

（1）分析限制搜索方向对去除电线的影响。分析限制搜索方向是否会对去除电线产生影响的实验中，使用的电气设备有 50 个。通过实验可以发现，如果未对搜索方向进行限制，将会直接导致搜索方向偏离电线的方向，不能实现对电线的完全分割。在这种情况下，

一般会出现两种不同的结果：第一种结果是依然会搜索出电线的数据，实现电线的完全分割，但也会分割设备的本体，造成过分割现象；第二种结果是偏离电线方向，未对电线进行完全分割，同时分割设备本体的一部分。因此，为了实现对电线的完全分割，在搜索电线时必须限制搜索的方向。

（2）参数 θ 的确定。对搜索方向的限制，是通过确定参数 θ 的大小来实现的。在对 50 个电气设备进行测试后最终可以确定 θ 的大小。实验结果见表 5.5。

表 5.5   参数 θ 的确定

设备类型	电线能否有效去除					
	$\theta=50°$	$\theta=60°$	$\theta=70°$	$\theta=80°$	$\theta=85°$	$\theta=90°$
kV500_CP_C_1	否	否	否	是	是	是
kV500_CP_D_7	否	否	否	否	是	是
kV500_CT_AA_2	否	否	否	是	是	否
kV500_LA_E_1	否	否	是	是	是	是
kV500_LA_F_1	否	否	否	否	是	是
kV500_LA_G_1	否	否	否	是	是	是
kV500_PT_C_1	否	否	否	否	是	是
kV500_PT_E_1	否	否	否	是	是	是
kV500_ZUBOQI_C_7	否	否	否	否	是	否
kV500_CP_E_1	是	是	是	是	否	否
正确总计	3/50	3/50	6/50	24/50	42/50	32/50

（3）分析电线分割算法的效果。通过表 5.5 可以看出，在一定范围内随着参数 θ 的增大，电线的去除效果越好；当参数 θ 大于一定值，电线的分割效果随着 θ 的增大而降低。通过分析，当 $\theta=85°$ 时，电线的分割效果最好。以 kV500_CP_D_7 为例，图 5.31 展示了不同的 θ 对分割效果的影响。

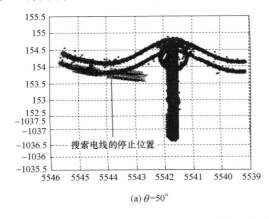
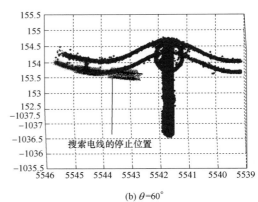

图 5.31   不同的 θ 对分割效果的影响（一）

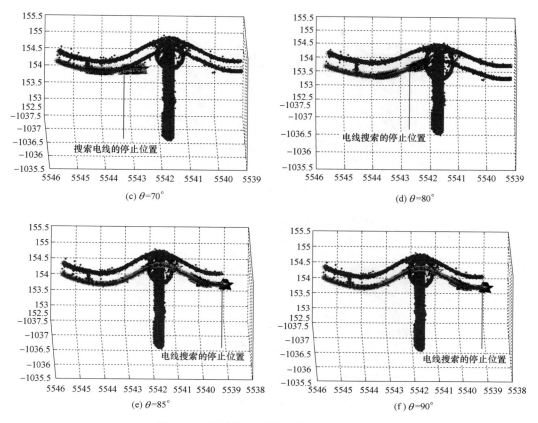

(c) $\theta=70°$ (d) $\theta=80°$

(e) $\theta=85°$ (f) $\theta=90°$

图 5.31　不同的 θ 对分割效果的影响（二）

以变电站设备 CP_C_3 为例展示变电站设备附属电线分割的流程，如图 5.32 所示。

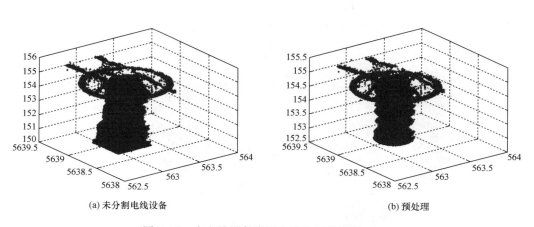

(a) 未分割电线设备   (b) 预处理

图 5.32　变电站设备附属电线分割的流程（一）

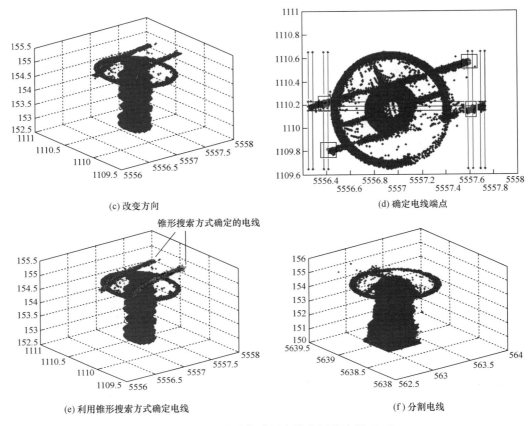

(c) 改变方向

(d) 确定电线端点

锥形搜索方式确定的电线

(e) 利用锥形搜索方式确定电线

(f) 分割电线

图 5.32　变电站设备附属电线分割的流程（二）

通过以上例子可以看出，设备 CP_C_3 中的电线端点能够得到非常精确的定位，而且设备中的电线也得到了很好的分割。

变电站设备分割前后的对比如图 5.33 所示。

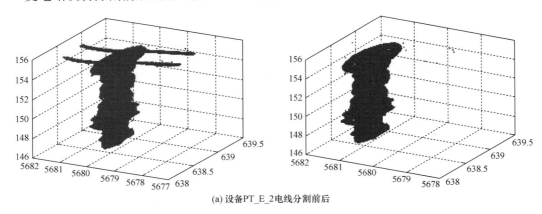

(a) 设备PT_E_2电线分割前后

图 5.33　设备电线分割前后对比图（一）

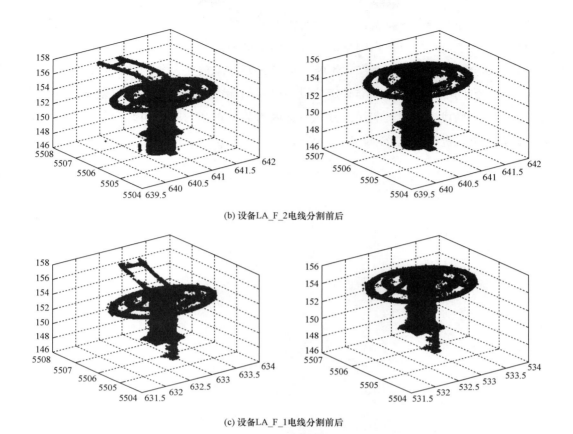

(b) 设备LA_F_2电线分割前后

(c) 设备LA_F_1电线分割前后

图 5.33　设备电线分割前后对比图（二）

在本次实验中，利用电线分割算法总共测试了 303 个变电站设备，实验结果见表 5.6。

表 5.6　　　　　　　　　　　　　实验结果

设备序号	设备型号	电线是否被完全分割?
1	CB_C_1	是
8	CP_D_5	是
63	DS_1D_6	否
79	DS_3DD_1	是
118	PT_C_2	是
121	PT_E_1	是
136	PT_F_7	否
256	DS_1AA_1	是
271	DS_2A_1	是
303	PT_A_1	否
总计		275

从表 5.6 可以看出，有 275 个变电站设备的电线得到了完全分割。通过 QTReader 软

件读取电线未被完全分割的设备信息，发现大部分设备的电线存在着电线过短的问题。电线过短直接导致了电线端点搜索困难的情况，但是这种情况的存在对设备的本质特征影响很小，并且不会对设备的识别率产生影响。另外一部分未被完全分割的设备，是因为设备存在过多的重影问题，导致不能准确定位设备电线的端点。这属于获取数据的问题。即使电线端点会被准确找到，搜索电线的方向也会因为数据重影的问题而改变，最终导致不能完全将设备的电线进行有效分割。

第6章

变电站设备点云识别

6.1　模板库建立

目前国内外对变电站三维点云建模的研究中没有公共的电气设备模板库可供使用，这里使用某变电站中的 54 组标准件作为模板数据，建立一个电气设备标准模板库。

建立的模板库包括 54 组模板，都是通过 3D Max 软件人工创建而成的。对模板库可进行更新、删除和添加等操作，若出现了新的标准件，可以对模板库进行设备添加；若某种标准件更新了设备，可以对模板库进行设备替换，实现模板信息的动态更新、模型添加及删除。创建好的模板库不仅包含模板的几何特征，而且包含模板的型号、编号等信息。模板库视图如图 6.1 所示。

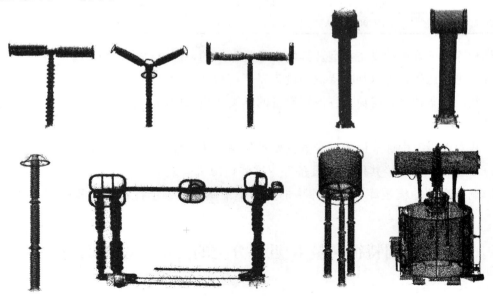

图 6.1　模板库视图

这些模板具有良好的点云数据，以提供准确的模板匹配。模板中包含了待识别设备的所有类型及型号，包括断路器、避雷器、阻波器等九种电气设备类型。每个电气设备类型又存在多种型号。例如，断路器 kV500_CB 包括四种型号：kV500_CB_A、kV500_CB_B、kV500_CB_BB 和 kV500_CB_C。其中，后缀 A、B、BB、C 是从大场景中分割出单个设备时命名的。模板库中的标准件一共有 54 种电气设备，设备类型及具体型号见表 6.1。

表 6.1 模板库中标准件的设备类型及具体型号

设备类型	具体型号			
kV500_CB	kV500_CB_A	kV500_CB_B	kV500_CB_BB	kV500_CB_C
kV500_CP	kV500_CP_A	kV500_CP_B	kV500_CP_C	kV500_CP_D
	kV500_CP_DD	kV500_CP_DDD	kV500_CP_E	kV500_CP_F
	kV500_CP_G	kV500_CP_H	kV500_CP_I	
kV500_CT	kV500_CT_A	kV500_CT_AA	kV500_CT_B	
kV500_DS	kV500_DS_1A	kV500_DS_1AA	kV500_DS_1B	kV500_DS_1BB
	kV500_DS_1C	kV500_DS_1D	kV500_DS_2A	kV500_DS_2B
	kV500_DS_3A	kV500_DS_3B	kV500_DS_3C	kV500_DS_3CC
	kV500_DS_3D	kV500_DS_3DD	kV500_DS_3EE	
kV500_ES	kV500_ES_A			
kV500_LA	kV500_LA_A	kV500_LA_B	kV500_LA_C	kV500_LA_D
	kV500_LA_E	kV500_LA_F	kV500_LA_G	
kV500_MT	kV500_MT_A	kV500_MT_B		
kV500_PT	kV500_PT_A	kV500_PT_B	kV500_PT_C	kV500_PT_CC
	kV500_PT_D	kV500_PT_E	kV500_PT_F	
kV500_LT	kV500_LT_A	kV500_LT_B	kV500_LT_C	kV500_LT_D

模板库中标准件的设备类型及具体型号是已知的，通过将待识别设备与模板库中的每个标准件进行比较，可以判断待识别设备属于模板库中标准件的哪一类。动态的模板库确保了完整的设备种类，避免了待识别设备的种类在模板库的标准件中不存在而造成错误的识别结果。

一般对模板库中标准件的点云数据要求较高，要确保标准件不存在点云数据缺失、不能有点云重影、不连接其他附属设备等。这些情况都会较大程度地影响设备点云的外形，进而影响标准件的模板库。模板库中的数据不准确，则不能保证待识别设备的正确识别分类。

6.2 基于子空间特征向量 *K* 近邻分类的变电站设备识别

6.2.1 识别流程

对于未知类型的变电站设备，识别目标是识别出该设备的类型、具体型号以及位置、方向角度等姿态信息。识别系统的总模型结构如图 6.2 所示。

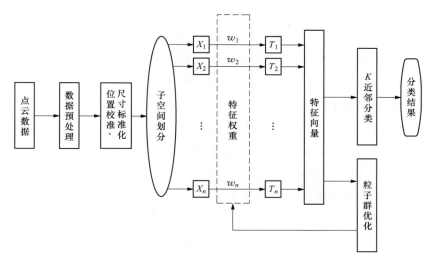

图 6.2　模型整体结构

变电站设备的点云数据由三维激光扫描仪获得。由于点云数据量过大，且点云周围具有离散噪声点，因此需要先对点云数据进行预处理，以获得较为合适的实验数据。在精简去噪后，由于选择提取的特征与点云的空间方向、位置相关，并且存在尺寸比例不一致的问题，需要对精简去噪后的点云数据进行位置校准和数据归一化。经过以上处理后，提取点云的子空间特征。特征提取过程分为两步：第一步，把点云数据按序列划分成子空间。以点云数据的最小包围盒为对象，划分成大小相等的小正方体。第二步，对这些小正方体形成的子空间提取特征并构成特征向量。在模板库已知的情况下，对待识别设备的特征向量与模板库进行 K 近邻分类，得到识别结果。为了增强有利于准确分类的子空间的作用，减弱不利于准确分类的子空间的作用，用粒子群优化算法来优化各子空间特征的系数权重。经过优化后能比较明显地改进识别方法的识别精度。

6.2.2　位置校准

1. 常用位置校准方法

点云的位置校准主要是用来解决由于扫描数据造成的点云方向不一致的问题。位置校准并不是点云预处理中的必需环节，主要是针对提取的特征对点云方向有一定要求的情况。当提取的特征（如点云体积、曲率等）与点云方向无关时，不需要进行点云位置校准。所以，点云位置校准是为了后期准确地提取点云特征。目前，点云位置校准主要有基于点云数据特征和形状特征两种，并且最终都转化成了存在原点偏差和旋转角度的两个坐标体系的变换。常用的点云位置校准方法有空间转换法和特征匹配法等。

（1）空间转换法。空间转换法是一种基于点云数据特征的位置校准方法。这种位置校准方法不考虑点云的形状特征，而是直接从点云数据本身出发，进行数据间的转换。为了和已知模板点云进行对比分类，可以看成测试点云空间向已知模板点云空间的转换。由于点云数据是三维坐标轴的点组成的集合，也可以看成测试点云的空间坐标系向已知模板点云的空间坐标系的转换。根据已知模板点云的坐标值可以知道其坐标轴的方向，根据测试点云的坐标值也可以知道其坐标轴的方向，那么剩下的问题就是存在原点偏差和旋转角度的两个坐标系的旋转变换了。

（2）特征匹配法。特征匹配法是一种基于点云形状特征的位置校准方法。常用的形状特征是点云体积，通过体积匹配寻找匹配度最大时的点云方向，并基于此进行位置校准。这种位置校准方法的准确性取决于点云体积的计算，所以要尽可能地去除点云噪声点以免影响点云体积的计算。由于测试点云通过多次迭代向已知模板点云不断靠拢、重合，这种位置校准方法具有随机性，并且通常校准时间较长。当测试点云和已知模板点云体积重合度最大时，说明测试点云已校准到已知模板点云方向，这时测试点云数据可以通过迭代过程的坐标变换获得。

对于存在原点偏差和旋转角度的两个坐标系的变换，两个坐标系数集 (x, y, z) 和 (x', y', z') 可以通过式（6.1）所示的平移变换和旋转变换进行统一：

$$\begin{bmatrix} x \\ y \\ z \end{bmatrix} = \lambda \boldsymbol{R} \begin{bmatrix} x' \\ y' \\ z' \end{bmatrix} + \boldsymbol{T} \tag{6.1}$$

式中：λ 为两坐标系的尺度变化因子；$\boldsymbol{T}$ 为平移矩阵；$\boldsymbol{R}$ 为旋转矩阵。

平移矩阵 $\boldsymbol{T}$ 和旋转矩阵 $\boldsymbol{R}$ 分别可用式（6.2）和式（6.3）表示：

$$\boldsymbol{T} = \begin{bmatrix} \Delta x \\ \Delta y \\ \Delta z \end{bmatrix} = \begin{bmatrix} x - x' \\ y - y' \\ z - z' \end{bmatrix} \tag{6.2}$$

$$\boldsymbol{R} = \boldsymbol{R}(\varepsilon_y)\boldsymbol{R}(\varepsilon_x)\boldsymbol{R}(\varepsilon_z) =$$

$$\begin{bmatrix} \cos\varepsilon_y\cos\varepsilon_z - \sin\varepsilon_y\sin\varepsilon_x\sin\varepsilon_z & -\cos\varepsilon_y\sin\varepsilon_z - \sin\varepsilon_y\sin\varepsilon_x\cos\varepsilon_z & -\sin\varepsilon_y\cos\varepsilon_x \\ \cos\varepsilon_x\sin\varepsilon_z & \cos\varepsilon_x\cos\varepsilon_z & -\sin\varepsilon_x \\ \sin\varepsilon_y\cos\varepsilon_z + \cos\varepsilon_y\sin\varepsilon_x\sin\varepsilon_z & -\sin\varepsilon_y\sin\varepsilon_z + \cos\varepsilon_y\sin\varepsilon_x\cos\varepsilon_z & \cos\varepsilon_y\cos\varepsilon_x \end{bmatrix}$$

$$\tag{6.3}$$

式中：ε_y、ε_x、ε_z 分别是 y、x、z 轴的三个旋转参数。

2. 基于主方向贴合法的位置校准

基于主方向贴合法的位置校准是基于点云数据特征的一种校准方法。对于任何点云，通过将点云的三维坐标系统校准到点云的主方向上，以实现点云方向的统一。其中，点云的主方向是经过点云主成分分析得到的。

主成分分析是把原始量的多个因素转换成少数几个因素的过程，这少数几个因素就是原始量的主成分。主成分分析法的核心思想是降维，这种方法通过将复杂的原始量转换成具有代表性的几个主成分，极大地简化了问题。

从数学的角度上来讲，主成分分析法经过线性变换，把已知的一组相关变量转化为另一组不相关的变量，这些不相关的变量根据方差的大小依次递减排列并且变量的总方差不变。其中，第一变量的方差最大，称作第一主成分；第二变量的方差其次，称作第二主成分；第三变量的方差第三大，称作第三主成分；其余依次类推。最后，通过选择前几个主成分代替原有数据以实现原有数据的降维。利用主成分分析法降维的一般过程为：①将原有数据排列存储在矩阵 A 中，并使矩阵 A 标准化；②求矩阵 A 的协方差矩阵 C；③选择最大的 K 个特征值对应的特征向量组成矩阵 S；④降维后数据 B 转换为 $B = SA$。

基于主方向贴合法的位置校准利用主成分分析法得到点云数据的三个从大到小排序的特征值，将这三个特征值对应的特征向量作为点云数据新的坐标系轴。其中，最大特征值对应的特征向量 V_1 作为新坐标系的 x 轴，第二大特征值对应的特征向量 V_2 作为新坐标系的 y 轴，最小特征值对应的特征向量 V_3 作为新坐标系的 z 轴，如图 6.3 所示。

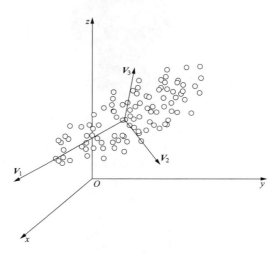

图 6.3　点云主方向贴合法位置校准

这种位置校准方法不需要将测试点云空间的坐标转换到已知模板点云空间的坐标系，而是通过测试点云的自身分布情况更新坐标系。基于主方向贴合法的位置校准具体步骤如下：

（1）按式（6.4）计算标准化的点云数据 $P(x，y，z)$ 的协方差矩阵 C，x、y、z 为点云三个维度上的列向量。

$$C = \begin{pmatrix} Cov(x,x) & Cov(x,y) & Cov(x,z) \\ Cov(y,x) & Cov(y,y) & Cov(y,z) \\ Cov(z,x) & Cov(z,y) & Cov(z,z) \end{pmatrix} \tag{6.4}$$

其中，$Cov(A，B)$ 可用式（6.5）表示：

$$Cov(A,B) = \frac{\sum_{i=1}^{n}(A_i - \overline{A})(B_i - \overline{B})}{n-1} \tag{6.5}$$

式中：$\overline{A}$、$\overline{B}$ 分别为 A、B 均值。

（2）计算协方差矩阵 C 的特征值和特征向量，由大到小的三个特征值对应的特征向量分别为 V_1、V_2、V_3。构造旋转矩阵 $S = (V_3，V_2，V_1)$。

（3）点云 $P(x，y，z)$ 通过坐标变换 $P_1 = PS$，可得到校准后的点云 $P_1(x，y，z)$。

3. 位置校准实验

点云位置校准采用主方向贴合法，用 MATLAB 编写位置校准程序。实验数据是从测试点云数据中随机选择的三个待识别设备 kV500_CT_A_1，kV500_DS_1A_1 和 kV500_LT_A_1 的数据。三个点云位置校准前后对比如图 6.4～图 6.6 所示。

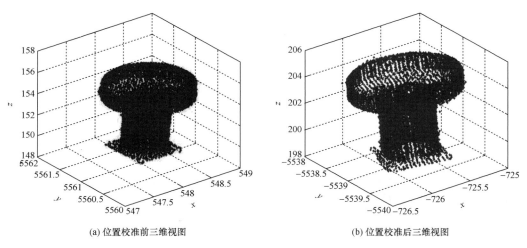

(a) 位置校准前三维视图　　　　　　　　　(b) 位置校准后三维视图

图 6.4　kV500_CT_A_1 位置校准前后对比图

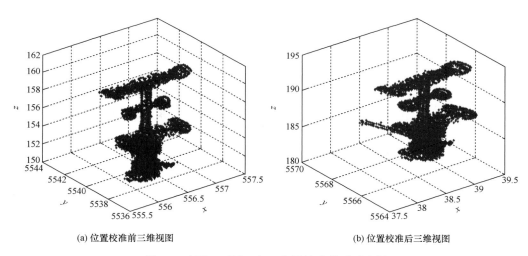

(a) 位置校准前三维视图　　　　　　　　　(b) 位置校准后三维视图

图 6.5　kV500_DS_1A_1 位置校准前后对比图

从变电站点云位置校准前后的三维视图可知，变电站设备点云在竖直方向上基本不存在角度偏差，主要是水平面上的角度旋转。相同的设备类型具有相同的点云形状，通过主方向贴合法获得的坐标轴方向也相同，如此校准后的点云方向才一致。

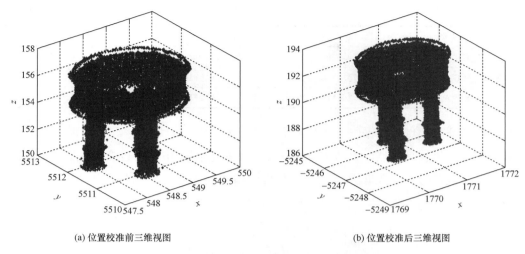

(a) 位置校准前三维视图   (b) 位置校准后三维视图

图 6.6   kV500_LT_A_1 位置校准前后对比图

6.2.3   点云数据归一化

数据归一化就是把待处理的数据经过指定变换限定在一定的允许范围内。归一化是一种简化算法，其可使后面的数据处理更简便，程序运行时能快速收敛。把数据最值归一化是最常见的一种归一化方法。例如，把数据归一化在−1到1的范围内，或者把数据归一化在0到1的范围内。这种方法适用于数据具有明显分布边界的情况。常见的归一化方法还有均值方差归一化。一般是把均值和方差分别归一化成0和1。这种方法更适用于数据分布的边界不明显的情况。数据归一化后不再具有之前的物理属性，而是转换成了无量纲的数值。

表6.2给出了九种类型的变电站设备的点云尺寸（长、宽、高）统计。这些设备是从所有变电站已知模板的每种设备类型中随机抽取的一种型号。从表6.2中可以看出，不同类型的变电站设备点云尺寸差别较大，部分设备的高度甚至相差两到三倍。大部分变电站设备的长和宽相差较小，但高度明显大于长和宽。变电站设备点云尺寸的差别使得无法将不同设备的相同区域进行比较，所以需要先对点云数据进行归一化处理。

表 6.2   部分变电站设备的点云尺寸统计

变电站设备类型	长（m）	宽（m）	高（m）
kV500_CB_A	1.4750	5.0310	6.4750
kV500_CP_C	1.0260	1.0440	4.5120
kV500_CT_A	1.3250	1.3690	6.1500
kV500_DS_3D	1.4390	13.4520	8.2250
kV500_ES_A	1.5970	3.8960	5.6020
kV500_LA_B	1.8120	1.8210	6.5390

变电站设备类型	长（m）	宽（m）	高（m）
kV500_PT_B	0.9990	1.0030	6.0760
kV500_MT_A	5.3710	6.6810	10.1550
kV500_LT_A	2.2170	2.2110	6.8240

在提取特征前，点云数据归一化是为了方便点云子空间的划分，准确地提取点云特征。点云数据的归一化就是把点云整体缩放到一定大小的包围盒中。经过变电站设备的尺寸统计，将变电站设备的点云数据 $P(x, y, z)$ 折中缩放到 $3 \times 3 \times 6$ 的长方体中，归一化后的点云数据为 $P(x', y', z')$，可用式（6.6）表示：

$$\begin{cases} x' = x \cdot d_x / (x_{\max} - x_{\min}) \\ y' = y \cdot d_y / (y_{\max} - y_{\min}) \\ z' = z \cdot d_z / (z_{\max} - z_{\min}) \end{cases} \tag{6.6}$$

式中：$x_{\max}$ 和 $x_{\min}$、$y_{\max}$ 和 $y_{\min}$、$z_{\max}$ 和 $z_{\min}$ 分别为点云数据 x、y、z 轴方向的最大值和最小值；d_x、d_y、d_z 分别为点云数据三坐标轴方向的目标最大尺寸，这里 $d_x = 3$，$d_y = 3$，$d_z = 6$。

图 6.7 所示为 kV500_CB_A 归一化前后的三维视图。经过点云数据的归一化，所有点云设备的外包围盒边长都归一化为 $3 \times 3 \times 6$。通过对比点云包围盒内相同部位的点云分布情况，可以区分不同点云设备的类型及具体型号。

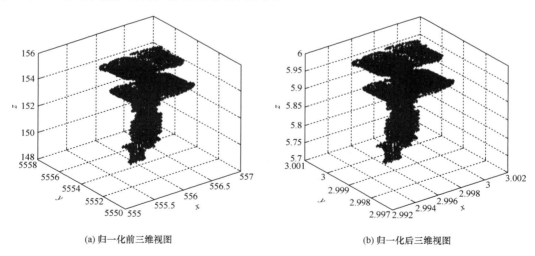

（a）归一化前三维视图 （b）归一化后三维视图

图 6.7 kV500_CB_A 归一化前后的三维视图

6.2.4 子空间划分

为了提取点云子空间特征，首先必须把点云划分成子空间。点云数据归一化后，被统一缩放到大小相同的包围盒中。点云子空间划分就是把这样的包围盒划分成大小相等的正方体子空间 X_1，X_2，…，X_n（n 为子空间划分个数）。对于大小一定的点云外包围盒，划分的子空间个数由子空间的边长决定。子空间划分后效果如图 6.8 所示。

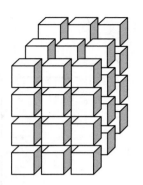

图 6.8　子空间划
分后效果

子空间划分是把点云中的点划分到各个子空间集合的过程。确定一个点是否为当前子空间内的点，可以通过分别限定 x 轴、y 轴、z 轴的坐标值来规定当前子空间的坐标范围。子空间划分的顺序决定了特征提取后子空间特征的排列顺序，所以需要确保所有点云的子空间划分都按照同一种顺序。方便起见，按照首先限定 x 轴，其次限定 y 轴，最后限定 z 轴的顺序划分子空间。

具体的子空间划分步骤为：

（1）确定划分的子空间边长。

（2）根据包围盒尺寸和子空间边长，分别计算 x、y、z 轴方向分割成的单元数量。

（3）从点云的初始点坐标（点云数据中最小坐标点）出发，以子空间边长为步长，按一定顺序，通过分别限定 x、y、z 轴坐标值判断是否为当前子空间内的点。

（4）同一子空间的点存储在一起，所有点云数据被分别存储在 X_1，X_2，…，X_n 的子空间内。

对于 $3\times3\times6$ 的包围盒，选择的子空间边长为 0.5。那么，可将包围盒 x 轴方向划分成 6 个单元，将包围盒 y 轴方向划分成 6 个单元，将包围盒 z 轴方向划分成 12 个单元，则整个长方体包围盒被划分成 432 个正方体子空间。为了均匀完整地划分包围盒，要使正方体子空间 X_1，X_2，…，X_n 的边长与各方向单元数量的乘积大于包围盒对应方向的长度，从而确保点云中所有的点都被包括在划分的正方体子空间内。子空间边长的不同将改变划分的子空间数量，并造成点云特征向量的长度不同，进而会有不同的识别效果。在 6.2.7 的实验中，将进一步研究子空间边长的选择对识别效果的影响。

6.2.5　子空间特征提取

1. 子空间特征

为了克服整体特征和局部特征的局限性和片面性，使提取的点云特征既能够完整代表点云整体的信息，又能够很好地反映点云局部相对整体的细节特点，这里选择提取点云的子空间特征。子空间特征的提取可以把点云每个子空间看成独立的个体。那么，子空间特征同样有很多选择。整体点云的特征由所有子空间特征组合构成。所以，子空间特征的选择决定了点云整体提取的特征。

为了反映每个子空间内的点和点云整体的关系，这里提取的子空间特征是：整体点云质心与各子空间点云质心连线相对于 z 轴正方向夹角的余弦值，如图 6.9 所示。

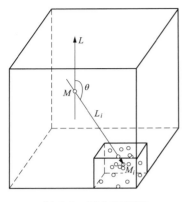

图 6.9　子空间特征

$M(x, y, z)$ 代表整体点云的质心，$M_i(x, y, z)$ 代表各子空间的点云质心，L_i 是整体点云质心到各子空间点云质心的向量，L 是平行于 z 轴的参照向量，θ 是两向量的夹角。则提取的各子空间特征 T_i 可以按式（6.7）计算：

$$T_i = \cos\theta = \boldsymbol{L} \cdot \boldsymbol{L}_i / (|\boldsymbol{L}| \cdot |\boldsymbol{L}_i|) \tag{6.7}$$

点云的质心 $M(x, y, z)$ 反映了整体点云密度的中心。各子空间的点云质心 $M_i(x, y, z)$ 反映了各子空间内点的密度中心。通过计算这两个质心连线与 z 轴正方向的夹角，表现了各子空间内点云分布相对于点云整体的情况。从余弦值的取值范围可知，子空间特征 T_i 可以是正数、负数，也可以是 0。若子空间特征为零，则存在两种可能情况：

（1）两向量夹角 $\theta = 90°$，计算得到夹角余弦值为 0。

（2）子空间内不存在任何点，子空间的点云质心为 0，计算得到子空间特征为 0。

选择整体点云质心与各子空间点云质心的连线相对于 z 轴正方向夹角的余弦值作为点云的子空间特征，能体现各子空间内点云相对于点云整体的位置方向。对于同一变电站设备的点云而言，不同子空间特征反映了一个设备不同位置的形状差异。对于不用变电站设备的点云而言，通过对比两个点云相同子空间内的子空间特征，可以反映两个设备的形状差异。

2. 子空间特征向量

整体点云的子空间特征向量 $\boldsymbol{T}$ 由所有子空间特征 T_i 组成，见式（6.8）：

$$\boldsymbol{T} = (T_1, T_2, \cdots, T_n) \tag{6.8}$$

式中：n 为点云子空间划分的总数。

对于所有点云的特征向量，子空间特征的排列顺序都是点云子空间分割时的分割顺序，并且所有点云子空间的分割顺序相同。

每个子空间特征可以反映这个子空间内是否有点云存在。通过比较不同设备的对应子空间，也就是比较不同点云的子空间特征向量的相同列，可以区分不同的设备类型。这是一个比较明显的特征差别。除此之外，每个设备的外观形状不同，其质心的高度就不同。当子空间内存在点时，每个子空间特征相对点云整体质心的位置反映了不同设备的特征差别。图 6.10 所示为从已知模板数据中随机抽取的五种变电站设备在 QTReader 中的三维视图。

为了进一步说明提出的这种子空间特征向量对于不同变电站设备具有差异性和代表性，这里列出了图 6.10 所示的五种变电站设备子空间特征向量的片段。由于特征向量的长度过长，这里只展示了特征向量中 10 个子空间的特征，见表 6.3。

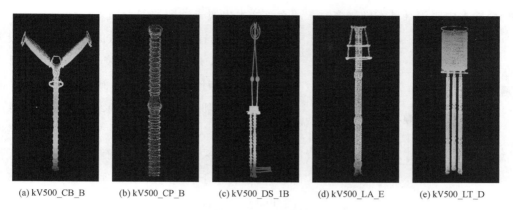

(a) kV500_CB_B   (b) kV500_CP_B   (c) kV500_DS_1B   (d) kV500_LA_E   (e) kV500_LT_D

图 6.10   五种变电站设备在 QTReader 中的效果图

表 6.3   五种变电站设备的子空间特征向量

子空间	变电站设备类型				
	kV500_CB_B	kV500_CP_B	kV500_DS_1B	kV500_LA_E	kV500_LT_D
...	...	...	...	...	...
X_{128}	0	−0.3720	0	0	0
X_{129}	0	−0.2899	0	0	−0.3627
X_{130}	−0.1829	−0.2285	0	−0.3840	−0.3619
X_{131}	−0.2932	−0.1936	0.0819	−0.2828	−0.3410
X_{132}	−0.3512	−0.1627	0.0476	−0.1847	−0.2878
X_{133}	0	−0.2852	0	0	0
X_{134}	0	−0.2957	0	0	0
X_{135}	0	0	0	0	0
X_{136}	0	0	0	0	0
X_{137}	0	0	−0.4006	0	0
...	...	...	...	...	...

从五种变电站设备的三维视图可见,设备之间的外观差异显著。对于不同变电站设备的特征向量,横向对比同一编号的子空间内的特征差异也很大。所以,选择这种子空间特征能反映不同变电站设备的差异性,可以用其作为后期设备识别分类的依据。

6.2.6   K 近邻分类识别

1. K 近邻分类

K 近邻分类是在最小距离法分类的基础上发展而来的。所以,其核心也是通过测量不同特征之间的距离来进行分类。其中,距离准则的选择可以是欧氏距离、曼哈顿距离、切比雪夫距离等。这种分类方法主要解决的问题是:一个测试对象同时与多个训练对象匹配,导致一个训练对象被分到了多个类。其基本思路利用了统计学理论:样本在空间中最邻近

的 K 个样本中属于某种类别最多时，那么该样本也属于这个类别。

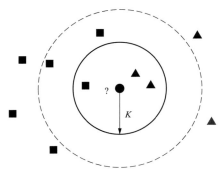

图 6.11　K 近邻决策图

K 值的选择对 K 近邻算法的分类结果有较大影响。K 值较小，待测样本则在较小的范围内统计周围类别数量，统计量较少容易导致分类误差；K 值较大，待测样本则在较大范围内统计周围类别数量，统计量较多可以避免分类误差，但分类器效率将降低。K 值通常采用交叉检验来确定。经验上规定 K 值的大小要小于训练样本数的平方根。K 近邻决策图如图 6.11 所示。

K 近邻算法适合样本容量较大的情况。在定类决策上，K 近邻算法依据最邻近的 K 个样本的类别来确定待分类样本的类别，而不是单一的对象类别决策。所以，对于有明显类别交叉的待分类样本，可选择 K 近邻算法分类。

选择的邻居也就是已知类别的模板数据，在模板中数据和标签已知的情况下，输入测试数据，将测试数据的特征与模板库中对应的特征进行距离计算，找到模板库中与之最相似的 K 个数据，则该测试数据的类别就是这 K 个数据所属类别最多的那个类。

K 近邻算法的具体步骤为：

（1）计算测试数据 T 和模板库中数据 MT 之间的距离 d，d 可通过欧氏距离计算，见式（6.9）：

$$d(T,MT)=\sqrt{\sum_{i=1}^{n}(T_i-MT_i)^2} \tag{6.9}$$

（2）按照距离的递增关系进行排序，选取距离最小的前 K 个数据。通过验证，K 值为 3 时分类效率较高，所以这里 K 值设定为 3。

（3）分别计算这 K 个样本所属类别出现的频率。

（4）这 K 个样本所属类别出现次数最多的类，作为测试数据的预测分类。若出现频率相等的情况，则将距离较近的样本所在的类别作为测试数据的预测分类。

2. 粒子群优化子空间特征权重

粒子群优化（particle swarm optimization，PSO）由模拟鸟群运动而来，主要用于解决无约束的优化问题。粒子群优化算法通过对初始粒子进行迭代，不断更新粒子的位置和速度，在空间中跟随最优粒子从而寻找最优解。一般迭代停止的条件是达到目标迭代次数。粒子群优化算法具有编写简单、收敛速度快且算法精度高等特点。

对于一定规模的粒子群，粒子群优化算法首先对粒子的位置和速度进行初始化。用规定的适应度函数评价所有粒子，以找到当前的最好位置。然后根据公式计算并更新粒子的位置和速度，粒子更新了位置和速度后，再次用适应度函数评价粒子并与以往结果进行比较，确定粒子当前的最好位置。如此循环，直到满足终止条件。利用粒子群优化算法优化各子空间特征权重的流程如图 6.12 所示。

通过调整各子空间特征的系数权重，增强有利于识别分类的子空间特征的作用，从而提高识别分类的准确率。在利用粒子群优化算法优化特征权重时，定义分类错误率为优化算法中的适应度函数，粒子最终的位置则代表了相应子空间特征所占的权重。

粒子群优化的具体过程为：

（1）初始化粒子位置和速度。

（2）根据式（6.10）～式（6.12）更新粒子位置和速度：

$$v_i(t+1) = w \times v_i(t) + c_1 \times r_1 \times [p_{\text{best}}(t) - X_i(t)] + c_2 \times r_2 \times [g_{\text{best}}(t) - X_i(t)] \quad (6.10)$$

$$X_i(t+1) = X_i(t) + v_i(t+1) \quad (6.11)$$

$$w = w_{\text{max}} - t \times \frac{w_{\text{max}} - w_{\text{min}}}{T_{\text{max}}} \quad (6.12)$$

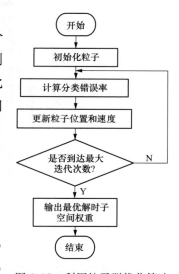

图 6.12 利用粒子群优化算法优化各子空间特征权重的流程

式中：c_1、c_2 为学习因子，都为 1.5；$p_{\text{best}}(t)$ 为个体极值，表示每个粒子从自己的运动轨迹中寻找到的最好位置；$g_{\text{best}}(t)$ 为全局极值，表示每个粒子从群体的运动轨迹中寻找到的最好位置。

（3）定义适应度函数，它表示识别的错误率，见式（6.13）：

$$\text{fitness} = 1 - \frac{m}{N} \quad (6.13)$$

式中：N 为测试数据总数；m 为正确识别的个数。

（4）更新个体极值和全局极值。

（5）如果达到迭代次数，就停止迭代并输出参数；如果没有达到迭代次数，则重复步骤（2）～步骤（4），直到最大迭代次数为止。

3. 实验分析

本次实验数据为 90 个待识别的点云数据。这些待识别的点云数据获取方法和模板库中的设备数据获取方法一样。每个待识别的点云数据都需要经过点云精简、去噪及位置校准。将点云数据归一化后进行子空间划分并提取子空间特征，最后构成了子空间特征向量。

在模板库已经建立好的情况下，待识别点云数据的特征向量和模板库中的各个特征向量用欧氏距离计算距离误差。为了提高分类识别的准确率，采用粒子群优化算法优化子空间特征的权重并使用 K 近邻算法进行分类。实验使用的软件平台为 MATLAB R2014a，所用的计算机处理器为 Intel Core i3-4170。

粒子群优化结果如图 6.13 所示，横坐标代表粒子群的迭代次数，这里粒子群的最大迭代次数设置为 100；纵坐标代表这 90 个待识别的点云数据的分类准确率。

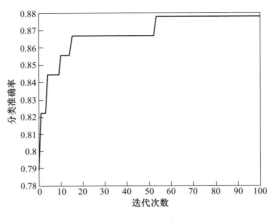

图 6.13　粒子群优化结果

　　子空间特征权重未经粒子群优化时，90 个待识别的点云数据，正确识别 71 个，识别错误 19 个，分类准确率为 78.89％。其中，造成分类错误的主要原因是识别结果和对应的正确设备相似度较高。图 6.13 中第 0 次迭代的分类正确率，代表了子空间特征权重未经优化时的分类正确率。

　　子空间特征权重经过粒子群优化后，90 个待识别的点云数据，正确识别 79 个，识别错误 11 个，分类准确率为 87.78％。图 6.13 中第 100 次迭代的分类正确率，代表了子空间特征权重经过优化后的分类正确率。

　　由此可见，利用粒子群优化算法优化子空间的特征权重有利于提高分类的准确率。从图 6.13 中可以看出，粒子群迭代的前 20 次内，分类准确率已经有了大幅度的提高；粒子群迭代的第 50 次左右，分类准确率开始稳定，进一步展现了粒子群优化具有响应迅速、收敛快的优势。

　　未经粒子群优化时，子空间特征权重都为 1，各子空间特征对于分类的作用相同。优化后子空间的特征权重如图 6.14 所示。

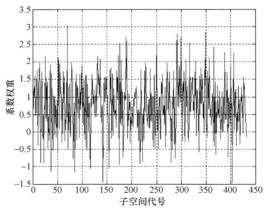

图 6.14　优化后子空间的特征权重

图 6.14 中，横坐标是子空间代号，表示 432 个子空间中的第几个子空间；纵坐标是系数权重，各个子空间特征的系数权重值为图 6.14 中对应的点值。显然，不同子空间之间的特征权重值差别较大。经过粒子群优化后，增强了有利于准确分类的子空间特征的作用，并且减弱了不利于准确分类的子空间特征的作用。这说明不同子空间特征对于正确分类的贡献存在差别，也进一步说明利用粒子群优化算法优化子空间特征权重的必要性。

6.2.7 子空间分割对识别的影响

1. 理论分析

点云子空间划分的目的是提取各子空间的特征，构建点云的特征向量。点云子空间分割的大小直接影响着点云子空间的个数，进而影响着点云特征向量的长度。

理论上，点云的子空间越小，边长越小，子空间个数越多，构成的子空间特征向量维数就越多，分类识别时与标准件设备对比得就更详细，识别结果就更准确。反之，分类识别时与标准件设备对比得就更粗略，识别结果就更不准确。但子空间边长并不是越小越好，还需要具体分析。

2. 实验测试

子空间划分前将点云数据归一化，把所有点云都缩放到 3×3×6 的立方体包围盒中。选择不同的子空间边长，统一大小的包围盒所被划分的子空间个数就不同，点云的特征向量长度就不同，分类效果就有所差别。

本次实验数据依然是 90 个待识别的点云数据，子空间边长分别为 1、0.8、0.6、0.5和 0.4 时的分类效果见表 6.4。

表 6.4 不同子空间边长下的分类效果

子空间边长	子空间总数	优化前		优化后	
		分类准确率	分类总用时	分类准确率	分类总用时
1	54	68.89%	0.022s	81.11%	64.820s
0.8	128	78.89%	0.024s	84.44%	74.101s
0.6	250	78.89%	0.025s	84.44%	91.878s
0.5	432	78.89%	0.027s	87.78%	122.950s
0.4	960	85.56%	0.033s	91.11%	168.187s

表 6.4 中统计了粒子群优化子空间权重前后不同子空间边长下的分类准确率和分类总用时。为了更清晰地呈现出不同子空间边长对分类准确率的影响趋势，在不同子空间边长的情况下，将利用粒子群优化算法优化子空间权重前后的分类准确率连线，如图 6.15所示。

3. 结果分析

从表 6.4 中可以看出，当子空间边长确定时，粒子群优化后的分类准确率有明显提高。

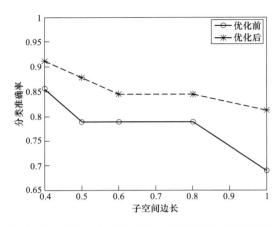

图 6.15 不同子空间边长对分类准确率的影响趋势

由于粒子群优化的迭代过程花费了更多分类时间，考虑到粒子群优化后的分类时间在允许的合理范围内，所以可以采用粒子群优化算法优化子空间特征权重来提高分类准确率。

对于统一大小的点云包围盒，随着子空间边长的减小，子空间的总数大幅度增加。从整体上看，子空间边长的减小更有利于识别分类。减小子空间边长，点云包围盒被划分成了更多的子空间。这种更具体的划分使得点云的局部特征能够更详细地与模板库进行比较。从不同子空间边长对分类准确率的影响趋势来看，如果继续减小子空间边长，分类准确率将进一步提高。这样来看，如果子空间边长足够小，就可以被看作对点云中每个点提取特征，然后与模板库进行点对点的比较。

随着子空间边长的减小，分类识别率提升的同时，分类时间将变长。子空间边长的减小使得子空间总数明显增多，而子空间特征向量的维数由子空间的多少决定，子空间特征向量的维数过多，容易出现"维数灾难"。其最直接的影响是延长了分类时间，降低了分类速度。在实际应用中，需要根据分类准确率的要求，在满足分类准确率要求的基础上，选择较大的子空间边长以提高分类速度，使分类效率达到最高。

6.2.8 点云缺失对识别的影响

1. 理论分析

三维激光扫描仪很难完整地采集到设备各个部分的点云数据，因此点云经常具有不同程度的数据缺失。点云缺失会影响点云的识别特征，使得点云识别结果不准确。一般情况下，点云缺失越严重，点云所丢失的特征越多，越容易造成点云的识别错误。除此之外，点云缺失的位置等因素也是点云能否正确识别的关键。

2. 实验测试

以一个测试点云为例，分别将原始点云数据随机丢失 10%、丢失 20%、丢失 30%，并对具有不同程度缺失的点云进行识别分类。某设备不同程度的点云缺失三维视图如图 6.16

所示。

使用识别方法分别对上述原始点云点云缺失 10%、点云缺失 20% 和点云缺失 30% 的情况进行识别分类。其中，原始点云、点云缺失 10% 和点云缺失 20% 时依然可以被准确识别，点云缺失 30% 时被错误分类。

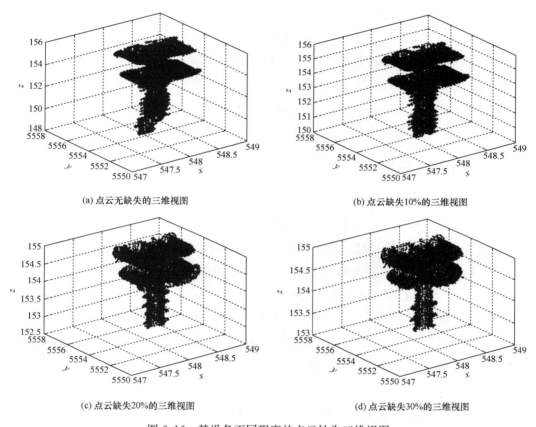

(a) 点云无缺失的三维视图   (b) 点云缺失10%的三维视图

(c) 点云缺失20%的三维视图   (d) 点云缺失30%的三维视图

图 6.16　某设备不同程度的点云缺失三维视图

按照此方法对所有测试数据进行点云缺失实验，点云允许的缺失程度平均为 13%。为确保当前的识别准确率，点云缺失的程度应该小于所有测试点云允许的最小缺失程度，即点云缺失的程度应该小于 10%。

3. 结果分析

根据上述实验测试，示例中测试点云的点云缺失在 20% 以内不会影响识别结果，仍然可以被准确识别。通过和原始点云对比可知，点云缺失 10% 时点云底部有部分缺失，顶部有少量缺失，整体点云外观变化不大，提取的特征仍能较好地反映原始点云，所以在可识别的范围内。点云缺失 20% 时点云底部缺失较大，点云顶部也有部分缺失，但由于底部主要是柱体设备，对点云提取的特征影响较小，所以也在算法可识别的范围内。点云缺失 30% 时点云顶部出现较大缺失，上部方形趋近圆形，由于变电站设备存在多种类似外形，使得点云提取的特征趋向其他设备，导致识别结果出错。

点云识别所允许的点云缺失程度与很多因素有关。首先，点云缺失的数据位于点云整体的位置直接关乎着点云能否被正确识别。点云缺失若比较分散且主要处于对特征影响较小的地方，则影响识别的可能性较小。点云缺失若比较集中且主要处于对特征影响较大的地方，则影响识别的可能性较大。其次，与已知模板库中的设备构成也关系紧密。若模板库中标准件设备外形相差较小，则点云缺失容易造成点云与其他设备相似而识别错误。若模板库中标准件设备外形相差较大，在保证正确识别率的情况下，点云允许的缺失程度相应也会放大。最后，还与点云数据密度、测试数据类别等有关。

对所有测试数据进行点云缺失实验，从点云允许的缺失程度平均为 13% 可知，大部分点云缺失的情况没有示例中的测试点云理想。所有测试点云允许的最小缺失程度为 10%，且大部分点云允许的缺失程度在 10%～13%。

6.2.9　改进的 ICP 识别方法对比

1. 改进的 ICP 识别方法

利用 ICP 算法进行点云识别时，对于配准点集 X_1 和 X_2，首先计算点集 X_2 中的每一个点在点集 X_1 中的对应点。然后寻找这些对应点对刚体变换的平移参数和旋转参数。根据对应点对平均距离最小时的平移参数和旋转参数，把点集 X_2 转换到新的点集。对新得到的点集，继续在 X_1 中寻找平均距离最小的对应点对进行变换，并将新得到的点集进一步变换至新点集。如此循环，直到两变换点集的平均距离最小值小于给定阈值，则停止迭代。由于配准、识别精度较高，ICP 算法在点云配准和点云识别方面应用广泛。但由于点云数据本身数量巨大，若需要配准、识别的目标集较多，则迭代过程计算量过大，容易造成点云识别时间过长的问题。

改进的 ICP 识别算法主要是针对经典 ICP 识别算法计算量大、识别速度过慢的问题，提出了一种由粗到精的分类策略，从而提高了识别算法的效率；并且提出了一种投影轮廓特征提取方法，从而当点云被遮挡而存在数据缺失时仍然能够很好地反映点云的特征。

对于点云 P，将其投影至 xOy 平面，得到 P_{xy}。以 P_{xy} 的质心为原点，x 轴方向为正方向建立极坐标系。在极坐标系中，点云 P 中的每一点都可以表示成 (r_i, θ_i)，r_i 为该点到原点的距离，θ_i 为该点与原点连线和正方向之间的夹角。把 θ_i 分成 N 份，见式（6.14）：

$$\Delta\theta = 2\pi/N \tag{6.14}$$

则第 k 个角度区间 Θ_k 可用式（6.15）表示：

$$\Theta_k = \{\theta \mid -\pi + (k+1)\Delta k < \theta \leqslant -\pi + k\Delta\theta\} \tag{6.15}$$

其中，$k = 1, 2, \cdots, N$。在角度区间 Θ_k 内，距离原点最大距离的点值作为这个区域的投影轮廓特征。这样就把三维点云分布转化成了一维分布。

获得了点云投影轮廓的特征向量后，计算其与模板库中模板的距离。距离可用式（6.16）定义：

$$d = \frac{1}{N'D} \sum_{i=1}^{N} \omega(i) \parallel f_t(i) - f_m(i) \parallel \qquad (6.16)$$

式中：f_t 和 f_m 分别为待识别点云和模板点云的投影轮廓特征；D 为模板最大尺寸，用于距离归一化；N' 为投影轮廓特征中不为零的点数；$\parallel \cdot \parallel$ 表示取范数；$\omega(i)$ 为权值。

其中，权值 $\omega(i)$ 在 $f_t(i) = 0$ 时取 0，在 $f_t(i) \neq 0$ 时取 1，这样是为了降低遮挡在识别过程的作用。为了使点云被遮挡而存在数据缺失时仍然能够很好地反映点云的特征，分别做点云 xOy、yOz、zOx 三个平面的投影轮廓特征。利用这三个平面的投影轮廓特征与模板距离的平均值降低干扰。

计算待识别点云与模板库中各个模板的特征距离，选择距离不超过最小距离 η 倍的模板作为预选模板。其中，η 的大小决定了预选模板的多少。然后，用 ICP 算法将目标模板与预选模板进行精确配准，寻找相似度最大的模板作为识别结果。通过模板预选后再进行 ICP 精确配准，减少了点云配准的次数，大幅度提高了 ICP 识别算法的效率。

2. 对比实验及结果分析

改进的 ICP 算法在保留经典的 ICP 算法配准精度高的基础上，采用投影轮廓进行模板预选，减少了识别时间，是目前识别效果较好的方法之一。这种改进的 ICP 算法已经应用在变电站设备识别上，具有一定的参考意义。为进一步对比算法的有效性，将本书提出的识别算法和改进的 ICP 识别算法进行对比实验。两种识别算法的识别效果对比见表 6.5。

表 6.5　　　　　　　　两种识别方法的识别效果对比

设备名称	改进的 ICP 识别算法		提出的识别算法	
	是否正确识别	识别时间（s）	是否正确识别	识别时间（s）
kV500_CB_A_1	是	81.94	是	0.14
kV500_CB_B_2	是	58.76	是	0.15
kV500_CP_D_1	是	135.27	否	0.14
kV500_CT_A_3	是	135.71	是	0.20
...	...	...	...	...
kV500_PT_A_3	是	85.71	是	0.21
kV500_LT_C_1	是	126.93	是	0.19
总计	识别准确率98.8%	平均时间85.91	识别准确率91.1%	平均时间0.19

本次实验数据依然是 90 个待识别的点云数据。其中，使用本书提出的算法时，子空间边长选择为 0.4。分别用两种识别算法对这 90 个待识别的点云数据进行识别分类。实验统计了这 90 个待识别设备在不同识别方法时能否被正确识别和具体的识别时间，并计算得到了两种识别算法的识别准确率和平均识别时间。

对于 90 个待识别的点云设备，改进的 ICP 识别算法正确识别 89 个，错误识别 1 个，识别准确率为 98.8%；本书提出的算法正确识别 82 个，错误识别 8 个，识别准确率为 91.1%。从算法的识别准确率来看，两种识别算法都具有良好的识别精度，而改进的 ICP

识别算法识别准确率相对更高。从算法的识别时间来看，改进的 ICP 识别算法都在一分钟以上，长则达两三分钟；而本书提出的算法都在一秒内，快则不到三分之一秒。可见，两种识别算法的识别用时相差较大，本书提出的算法的识别速度更为理想。

改进的 ICP 算法的识别精度高于本书提出的算法，但其平均每个设备的识别时间远远长于本书提出的方法。由于这里只要求识别准确率达到 80% 即可，所以本书提出的算法在具备较好的识别准确率的同时，拥有更令人满意的识别效率。

6.3 基于平面特征的变电站设备识别

6.3.1 算法流程

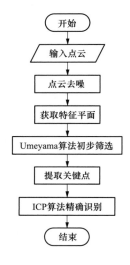

图 6.17 基于平面特征的
变电站设备识别流程

基于平面特征的变电站设备识别流程如图 6.17 所示，主要包括以下过程：

（1）点云数据预处理。此时的预处理仅包含去噪，去除电线数据和基座后的电气设备可能会产生新的离群点，去除这部分噪声有助于平面特征和关键点的提取。

（2）获取点云设备的平面特征。基于 RANSAC 算法实现对平面特征的获取。

（3）基于 Umeyama 算法的初步筛选。Umeyama 算法是对两个点云模型做最小二乘误差估计，该算法计算误差速度很快，但识别可靠度相对不高，所以用来进行初步筛选。

（4）关键点提取。利用点云曲率特征对电气设备点云关键点进行提取，并用关键点代替所有点进行下一步的识别工作。

（5）ICP 算法精确识别。利用改进的 ICP 算法实现设备识别主要包括以下步骤：

第一步，利用 $K\text{-}D$ 树组织待测点云数据和模板点云数据，并选择合适的旋转矩阵 $\boldsymbol{R}$ 和平移矩阵 $\boldsymbol{T}$，迭代次数计 0。

第二步，计算两个点云中数据点之间的相关程度。

第三步，求解待测点云中采样点对应的标准点云中的最近点。

第四步，计算旋转矩阵 $\boldsymbol{R}$ 和平移矩阵 $\boldsymbol{T}$，并重复进行迭代。

第五步，计算误差，选择匹配度最高的模板作为识别结果。

6.3.2 点云特征提取

1. 平面特征获取

为了实现变电站设备识别，首先提取点云的平面特征。点云的平面特征能从整体上描述电气设备的一些特性，并且提取设备平面特征有助于克服 Umeyama 算法在进行点云匹配时的局限性。RANSAC 算法可以从一组包含离群值的数据中拟合出符合某些几何模型的样本集，如直线、圆和平面等。RANSAC 算法在点云配准、点云分割中应用广泛，具有鲁棒性强并且必收敛的特点，因此用来提取点云平面特征。

这里使用 RANSAC 算法进行平面特征检测，该算法的基本原理是将目标点云随机抽取三个点组成平面，并计算点云中到该平面的距离小于阈值的点的个数，通过迭代找出最优特征平面模型。点云数据为 S，点云数据中的数据点为 $P_i(x_i, y_i, z_i)$，点云中数据点总数为 n。具体步骤如下：

（1）随机从点云数据 S 中任选三个点，设这组采样点为 $T_m = \{P_i, P_j, P_k\}$，迭代采样次数为 M，其中 $1 < i, j, k < n$，且 i、j、k 互不相等。对这三个点的坐标取平均值，记为 $P_m(x_m, y_m, z_m)$，计算这三点确定的平面方程用式（6.17）表示：

$$a_m(x - x_m) + b_m(y - y_m) + c_m(z - z_m) = 0 \tag{6.17}$$

式中：a_m、b_m、c_m 是由 T_m 确定平面的法向量。

（2）遍历点云中的每一个点，计算其到该平面的距离 d_i，将距离 d_i 与预先设置的距离阈值 ε_d 相比较，得到距离 d_i 小于距离阈值 ε_d 的数据点的个数，记为 n_m。将 n_m 和 $n_m^{\max}$ 相比较，若 $n_m > n_m^{\max}$，则更新 $n_m^{\max} = n_m$，且记最优化平面参数矩阵 $\boldsymbol{M}_p = [\boldsymbol{a}_p, \boldsymbol{b}_p, \boldsymbol{c}_p, \boldsymbol{d}_p]$，其中各参数用式（6.18）表示：

$$\begin{cases} \boldsymbol{a}_p = \boldsymbol{a}_m \\ \boldsymbol{b}_p = \boldsymbol{b}_m \\ \boldsymbol{c}_p = \boldsymbol{c}_m \\ \boldsymbol{d}_p = -(\boldsymbol{a}_p x_c + \boldsymbol{b}_p y_c + \boldsymbol{c}_p z_c) \end{cases} \tag{6.18}$$

（3）重复步骤（1）和步骤（2），直到迭代次数达到上限或特征平面中的点数 $n_m^{\max} \geqslant \varepsilon_n$ 时算法结束。

2. 关键点提取

在进行设备初步识别后，为了快速有效地实现点云精确识别，需要提取待测点云中的关键点代替点云中的所有点进行进一步识别。目前点云中常见的几何特征主要有法向量和曲率，可以根据这些信息对关键点进行提取。点云的法向量可以表征该点所在局部曲面的变化情况。利用点云的法向量提取点云中的关键点时，首先计算点云模型中所有点的法向量信息，然后根据设置的筛选条件保留符合条件的点。但实际变电站设备包含的数据点过多，使用该算法提取关键点时时间开销大且提取量较大。点云的曲率表示该点所在曲线的弯曲程度，曲率较大的点所处的位置一般是相邻曲面的交叉点。基于曲率的关键点提取方法，可以有效地从点云模型中提取出曲率较大的关键点信息。在实际场景中，变电站设备形状奇特，局部邻域变化较大，采用基于曲率的方法可以有效地保留点云变化较大的部分，所以可根据曲率信息提取变电站设备点云的关键点。主要过程如下：

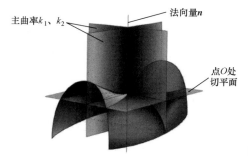

主曲率k_1、k_2

法向量n

点O处切平面

图 6.18 曲率特性示意图

（1）曲率计算。点云曲率是点云最重要的特征之一，在点云中曲率表示某点处曲面的变化情况，当点云发生刚性形变时，其具有旋转不变性的特点。点云曲率一般包含法曲率、主曲率、平均曲率和高斯曲率，如图 6.18 所示。对于曲面 π 上的点 O，其对应的切平面和法向量分别为 s 和 n，经过法向量 n 的法平面与曲面 π 的交线有无数个，并且每个交线都对应一个曲率，即法曲率；主曲率就是这些曲率中的最大值和最小值；平均曲率一般定义为主曲率 k_1 和 k_2 的平均值，它是曲率的局部度量；高斯曲率可以用来描述曲面的凹凸程度。

点云中任何一点都存在一个对应曲面，该曲面可以逼近该点的邻域点云。因此，点云中任意一点处的曲率都可以用该点与其邻域拟合曲面的曲率来表示。对于曲率的计算，目前主流的方法有最小二乘法和 MLS 算法，这里采取 MLS 算法对点云曲率进行估计。

MLS 算法可以在有噪声的数据中有效估算出点云中指定点的曲率值。该算法在进行曲率估计时首先定义 MLS 面。MLS 面是能量函数 $e(\boldsymbol{y}, \boldsymbol{a})$ 沿着向量场 $\boldsymbol{n}(x)$ 方向的局部极小值，具体可用式（6.19）和式（6.20）定义：

$$\boldsymbol{n}(x) = \frac{\sum_{q_i \in Q} \boldsymbol{v}_i \theta(x, q_i)}{\| \sum_{q_i \in Q} \boldsymbol{v}_i \theta(x, q_i) \|} \tag{6.19}$$

$$e(\boldsymbol{y}, \boldsymbol{a}) = \sum_{q_i \in Q} [(\boldsymbol{y} - q_i)^{\mathrm{T}} \boldsymbol{a}]^2 \theta(x, q_i) \tag{6.20}$$

式中：q_i 为点云指定点的 K 近邻；$\boldsymbol{v}_i$ 为 q_i 的法向量；$\boldsymbol{y}$ 和 $\boldsymbol{a}$ 分别为位置向量和方向向量。

对式（6.20）求偏导数得：

$$g(x) = \boldsymbol{n}(x)^{\mathrm{T}} \left(\frac{\partial e[\boldsymbol{y}, \boldsymbol{n}(x)]}{\partial \boldsymbol{y}} \Big|_{\boldsymbol{y}=x} \right) \tag{6.21}$$

由式（6.21）推导出高斯曲率和平均曲率，见式（6.22）和式（6.23）：

$$k_{\text{Gaussian}} = \frac{Det \begin{pmatrix} H(g(x)) & \nabla^{\mathrm{T}} g(x) \\ \nabla g(x) & 0 \end{pmatrix}}{\| \nabla g(x) \|^4} \tag{6.22}$$

$$k_{\text{mean}} = \frac{\| \nabla g(x) \|^2 - Trace(H) - \nabla g(x) H[g(x)] \nabla^{\mathrm{T}} g(x)}{\| \nabla g(x) \|^3} \tag{6.23}$$

进而可以推导出主曲率，见式（6.24）：

$$\begin{cases} k_1 = k_{\text{mean}} - \sqrt{k_{\text{mean}}^2 - k_{\text{Gaussian}}} \\ k_2 = k_{\text{mean}} + \sqrt{k_{\text{mean}}^2 - k_{\text{Gaussian}}} \end{cases} \tag{6.24}$$

（2）关键点提取器设计。为了快速、有效地实现点云的识别，在得到点云中所有点的主曲率和平均曲率后，提取点云关键点十分重要。三维点云的关键点可以定义为局部邻域曲率变化最大的点。基于这一定义，对于点云 P 中的一点 p_i，可以根据该点的形状指数 $S(p)$ 来判断该点是否属于关键点。形状指数 $S(p)$ 可用式（6.25）表示：

$$S(p) = \frac{1}{2} - \frac{1}{\pi} \cdot \arctan\left[\frac{k_1(p) + k_2(p)}{k_1(p) - k_2(p)}\right], \ S(p) \in [0, 1] \tag{6.25}$$

根据关键点定义，判断点云中的点是否属于关键点的标准为：若 $S(p_i) > \max[S(p_{i1}), S(p_{i2}), S(p_{i3}), \cdots, S(p_{ik})]$，则 p_i 为局部凸点，即 p_i 为局部曲面曲率最大值；若 $S(p_i) < \min[S(p_{i1}), S(p_{i2}), S(p_{i3}), \cdots, S(p_{ik})]$，则 p_i 为局部凹点，即 p_i 为局部曲面曲率最小值。其中，$S(p_{i1}), S(p_{i2}), S(p_{i3}), \cdots, S(p_{ik})$ 为点云中点 p_i 的 K 近邻的 $S(p)$ 值。以此标准完成点云 P 的关键点提取，可以得到关键点集合 Q。

以型号为 kV500_CB_A 的短路器为例，关键点提取情况如图 6.19 所示，从中可以看出，提取的关键点较好地保留了设备的外围轮廓和关键特征并且数据量大大减少。

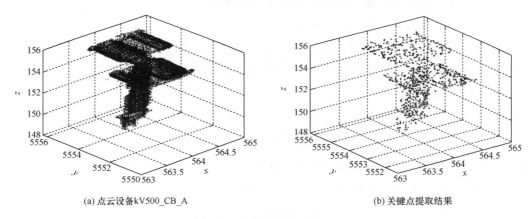

(a) 点云设备kV500_CB_A   (b) 关键点提取结果

图 6.19　关键点提取情况

6.3.3　识别算法分析

1. 点云识别总体流程

目前，三维目标识别方法众多，但不同的识别技术会和相关图像信息有一定交叉，识别方法针对性较强，还没有通用的识别方法能够解决复杂环境中的识别问题。尽管根据实际环境设计相应的识别算法不具有通用性，但其识别思想与所使用的技术具有很强的启发性。

识别算法在实现设备数据集 S 的识别时分为三个阶段：

第一，提取变电站设备的平面特征和关键点信息。变电站设备的平面特征和关键点信息能够很好地表达设备的外形特征，可以作为点云识别的重要特征。

第二，基于 RANSAC 算法提取待测电气设备中的最优平面特征，将此平面特征与模板库中所有模板的平面特征进行匹配，实现设备的预选。由于电气设备数据量在几万到几十万不等，采取类似最近邻算法对这些模板进行匹配将极大加重时间的消耗，所以针对每一个可能的匹配对象，使用 Umeyama 算法对待测设备的平面特征与模板库中所有模板的平面特征进行匹配，预选出部分模板电气设备作为候选结果。

第三，为了进一步减少时间开销，提高设备识别率，提取待测设备点云的关键点与这些候选设备的关键点进行匹配，通过改进的 ICP 算法实现待测设备点云的精确识别，同时确定该待测设备的位置。

点云识别总体流程如下：

（1）数据准备。在进行识别工作之前，首先完善模板库，提取 54 组模板的平面特征信息、关键点信息加入模板库中，供后续识别工作使用。

（2）基于 Umeyama 算法的模板预选。在预选阶段，输入待测设备点云 $P = \{x_1, x_2, \cdots, x_m\}$，获取点集 P 的最优平面特征，然后将待测点云的最优平面特征与特征库中所有模板的平面特征进行匹配，使用 Umeyama 算法筛选出特征最相似的几组设备作为候选设备，这样在使用改进的 ICP 算法识别时会减少匹配次数。

（3）基于改进的 ICP 算法的目标识别。在实现待测设备的初步分类后，将待测点云 P 的关键点集合与预选出的模板设备的关键点集合进行 ICP 匹配，采用匹配度最高的设备作为最终的识别结果。

2. 基于 Umeyama 算法的模板预选

Umeyama 算法对两个点云模板做最小二乘误差估计。Umeyama 算法在实现点云匹配时主要根据两个点云集之间的最小均方误差来进行估计。假设存在两组 d 维的点云集 A 和 B，A 和 B 之间的均方误差可根据式（6.26）计算：

$$e^2(\boldsymbol{R}, \boldsymbol{T}, c) = \frac{1}{n} \cdot \sum_{i=1}^{n} \| B_i - (c\boldsymbol{R}A_i + \boldsymbol{T}) \|^2 \tag{6.26}$$

式中：$\boldsymbol{R}$ 为旋转矩阵；$\boldsymbol{T}$ 为平移矩阵；c 为放缩参数，n 为点云包含的点数量。

Umeyama 算法以绝对定向方法计算相似变换来最小化点集 A 和 B 之间的均方误差距离。Umeyama 算法首先获取点云集 A 和 B 的协方差矩阵 $\boldsymbol{C}_{AB}$，见式（6.27）：

$$\boldsymbol{C}_{AB} = \frac{1}{n} \sum_{i=1}^{n} (B_i - \mu_B)(A_i - \mu_A)^{\mathrm{T}} \tag{6.27}$$

式中：μ_A 和 μ_B 分别为点集 A 和 B 的均值。

其次对 $\boldsymbol{C}_{AB}$ 进行 SVD，见式（6.28）：

$$\boldsymbol{C}_{AB} = UDV^{\mathrm{T}} \tag{6.28}$$

式中：$D = diag(d_i)$，$d_1 \geqslant d_2 \geqslant \cdots \geqslant d_i \geqslant \cdots \geqslant d_d \geqslant 0$。

最后对 $\boldsymbol{C}_{AB}$ 的秩进行判断，当 $\boldsymbol{C}_{AB}$ 的秩不小于 $d-1$ 时，可以得到 A 和 B 的最优匹配参数，见式（6.29）～式（6.31）：

$$\boldsymbol{R} = USV^{\mathrm{T}} \tag{6.29}$$

$$\boldsymbol{T} = \mu_B - cR\mu_A \tag{6.30}$$

$$c = \frac{1}{\sigma_A^2}\boldsymbol{Tr}(DS) \tag{6.31}$$

其中，S 可用式（6.32）表示：

$$S = \begin{cases} I & \det(C_{AB}) \geqslant 0 \\ diag(1,1,\cdots,-1) & \det(C_{AB}) < 0 \end{cases} \tag{6.32}$$

在求解出 $\boldsymbol{R}$、$\boldsymbol{T}$、c 之后，代入式（6.26）即可得到点云 A 和 B 之间的最小均方误差。以待测设备点云的平面特征为输入，以点云的平面特征之间的最小均方误差为评价标准，选取与待测点云之间均方误差最小的模板点云作为最优分类结果，实现对待测设备类型的预选。

3. 基于 ICP 算法的目标识别

通过 Umeyama 算法对模板数据集进行初步筛选后，可以预选出部分模板设备，但是由于算法的局限性，并不能达到实际需求。为了进一步提高点云的识别率，根据 Umeyama 算法预选出部分模板设备后，对经典的 ICP 算法进行改进，以实现点云的精准识别。

ICP 算法的基本思想是：对于三维空间中的两组点云数据，通过寻找测试数据点和模板数据点之间的对应关系，计算两组点云之间的刚体变换参数，进而得到两组点云的变换关系和配准误差。

对于待测点云数据集 $P = \{x_1, x_2, \cdots, x_m\}$ 和模板数据集 $Q = \{y_1, y_2, \cdots, y_n\}$，$m$ 和 n 是分别是 P 和 Q 中数据点的数量。ICP 算法以点对之间的距离最小为约束条件，找到最优匹配矩阵 $\boldsymbol{R}$ 和 $\boldsymbol{T}$，使得误差函数最小，误差函数一般用式（6.33）定义：

$$E(\boldsymbol{R}, \boldsymbol{T}) = \frac{1}{n}\sum_{i=1}^{n} \| q_i - (\boldsymbol{R}p_i + \boldsymbol{T}) \|^2 \tag{6.33}$$

式中：n 为邻近点对个数；p_i 为点云 P 中的一点；q_i 为点云 Q 中 p_i 的对应点。

ICP 算法流程如图 6.20 所示，ICP 算法实现点云配准的步骤如下：

（1）从待测点云 P 中取点集 $P_i \in P$，找出模板 Q 中对应的点集 $Q_i \in Q$，使得 $\| Q_i - P_i \|$ 最小。

（2）使用四元数法计算旋转矩阵 $\boldsymbol{R}$ 和平移矩阵 $\boldsymbol{T}$。

（3）利用步骤（2）得到的旋转矩阵和平移矩阵对 P_i 进行变换，得到新的对应点集，见式（6.34）：

$$P_i' = \boldsymbol{R}Q_i + \boldsymbol{T} \tag{6.34}$$

（4）计算 P_i' 和 Q_i 之间的距离 d。

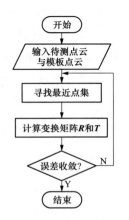

图 6.20 ICP 算法流程

（5）当 d 小于给定阈值或迭代次数达到上限时停止迭代，否则返回步骤（2）。

通过以上步骤可以求出待测点云与模板之间的误差，在使用 ICP 算法获取误差之后，根据误差求出待测点云与模板之间的匹配度，以此作为识别依据。但由于变电站设备数据量大，使用经典的 ICP 算法时间开销很大，所以从两方面对经典的 ICP 算法进行改进：一方面，步骤（1）在寻找模板对应点集时会消耗大量时间，从而会严重影响识别进度，所以在这一步加入 K-D 树组织点云来对 ICP 算法进行改进；另一方面，ICP 算法获取误差的过程实际上是一个不断迭代的过程，在采用关键点代替所有数据点进行迭代时，误差会快速收敛，对匹配度的影响也会越来越小，所以在相邻 10 组之间的迭代误差值都小于 0.01 时，会终止迭代过程，采用最终的匹配度作为识别依据。

综上所述，基于改进的 ICP 算法的变电站设备识别步骤如下：

第一，对于待测设备 P，基于曲率提取点云 P 的关键点集合 P'。

第二，利用改进的 ICP 算法对关键点集合 P' 与预选出的模板设备关键点集合进行匹配，选取与 P' 匹配误差最小的模板设备作为最终识别结果。

第三，获取与 P' 误差最小的模板设备型号及旋转矩阵 $\boldsymbol{R}$ 和平移矩阵 $\boldsymbol{T}$，识别出待测设备型号及姿态。

6.3.4 实验分析

1. 实验数据准备

测试数据为分割电线后的 352 组数据，实验采用 MATLAB R2020a 对这些数据进行精简、去噪、电线分割、基座分割、平面检测及关键点提取。

2. 识别实验及分析

在模板预选阶段，首先提取待测设备的点云平面特征，然后使用 Umeyama 算法进行筛选。由于平面检测的目的之一在于减少点云数据量，但若数据点过少可能导致提取的特征平面无法充分反映物体特征，所以根据经验值平面检测的数量阈值设置为 6000，距离阈值设置为 $\varepsilon_d = 0.005$。平面检测后利用 Umeyama 算法对样本点云与模板点云进行匹配，并采用匹配误差距离对识别性能评估。Umeyama 算法初步分类结果见表 6.6。

表 6.6   Umeyama 算法初步分类结果

测试数据	最优匹配结果	分类时间（s）	匹配误差距离
...	...	...	...
kV500_CB_A_3	kV500_CB_A	7.1958	0.4982
kV500_CP_A_2	kV500_CP_B	1.2194	0.1877
kV500_CP_E_6	kV500_CP_E	1.5676	0.2321
kV500_CT_A_1	kV500_CT_A	6.5133	0.5327
kV500_CT_B_2	kV500_CT_B	5.4059	0.5698

测试数据	最优匹配结果	分类时间(s)	匹配误差距离
kV500_DS_1A_2	kV500_DS_1AA	0.6099	0.8494
kV500_ES_A_2	kV500_ES_A	4.7802	0.5938
…	…	…	…

利用 Umeyama 算法对这 352 组测试数据进行配准并且计算误差距离，352 组测试数据中有 236 组测试数据被识别成功，部分设备的预选结果见表 6.7。对识别结果进行统计分析，粗识别阶段的识别率仅为 67.05%，造成分类错误的主要原因是相同类型设备之间形状比较相似。由此可见，若只用 Umeyama 算法直接对待测点云进行识别分类，虽然识别速度较快，但识别精度较低，识别率难以让人满意，所以使用 Umeyama 算法对点云进行初步识别后需要进一步实现待测设备的精准识别。

表 6.7　　　　　　　　　　　　　基于 Umeyama 算法的预选结果

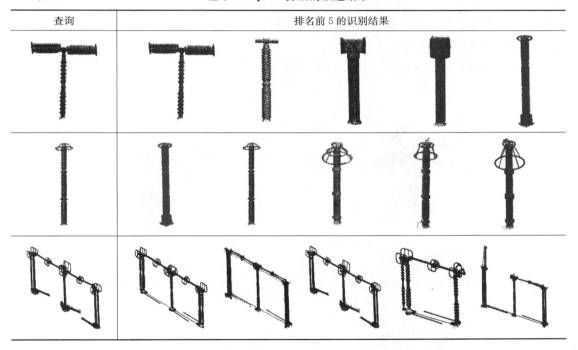

查询	排名前 5 的识别结果

在进行改进的 ICP 算法精准识别之前，为了保证预选设备中包含待测设备类型，设置了一个预选阈值（preselection threshold，PT），其表示预选模板的数量。当 PT 发生变化时，统计待测点云所属型号被挑选出来的概率，统计结果如图 6.21 所示。从中可以看出，当 PT 的值从 1 开始不断增大时，待测点云被检测出来的概率不断增大；当 PT=7 时，即用 Umeyama 算法计算出距离误差后，选择距离误差最小的 7 组对应的模板设备点云数据，识别正确率达到 100%。这说明预选模板数量设置为 7 时，每一次待测设备型号都包含在其中，所以 PT 设置为 7。

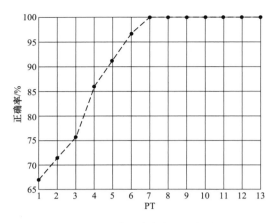

图 6.21　识别正确率与 PT 的关系

在模板预选阶段，设置 PT＝7，远小于模板总数量 54，所以模板预选是十分有必要的，可以大大减少后面改进的 ICP 算法的时间开销。在精准识别阶段，为了实现变电站设备的精准识别，本次实验首先提取待测设备点云的关键点集合，然后利用改进的 ICP 算法对待测点云进行最终分类。

选取型号为 kV500_CB_A_3 的断路器和型号为 kV500_LA_A_1 的避雷器，提取其关键点信息，如图 6.22 所示。

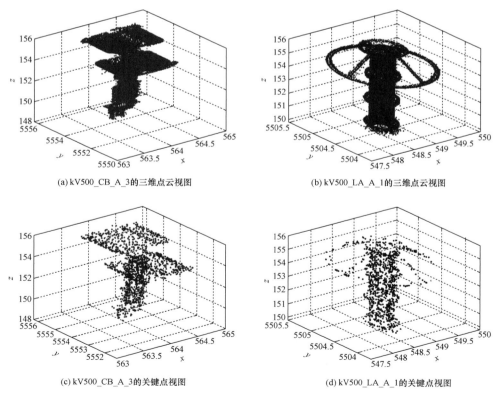

(a) kV500_CB_A_3 的三维点云视图　　　　　(b) kV500_LA_A_1 的三维点云视图

(c) kV500_CB_A_3 的关键点视图　　　　　(d) kV500_LA_A_1 的关键点视图

图 6.22　待测设备三维点云视图及关键点视图

通过模板预选，可以获取与 kV500_CB_A_3 特征相似的 7 组设备，分别为 kV500_CB_A、kV500_CP_A、kV500_CB_C、kV500_CP_H、kV500_CT_A、kV500_CT_AA、kV500_PT_A；可以获取与 kV500_LA_A_1 匹配的 7 组设备，分别为 kV500_LA_B、kV500_LA_C、kV500_LA_A、kV500_LA_E、kV500_PT_A、kV500_LA_G、kV500_LA_F。

下面利用基于关键点的改进的 ICP 算法进行点云精准匹配，得到待测点云与 7 组模板点云的匹配度及匹配误差。

利用基于关键点的改进的 ICP 算法进行精准匹配时，首先提取待测点云的关键点集合，如图 6.22（c）（d）所示，然后计算待测设备与模板之间的匹配误差，当匹配误差 e 趋于稳定时，终止迭代，最后获取待测设备与模板之间的匹配度 p。对于上述两种不同类型的设备，匹配误差 e 的变化曲线如图 6.23 所示，待测设备与各模板之间的匹配度 p 见表 6.8。

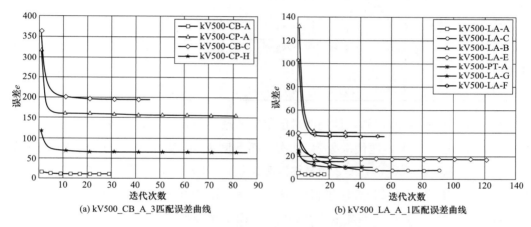

图 6.23　基于关键点的改进的 ICP 算法的匹配误差变化曲线

表 6.8　　　　　　　　　　　　待测设备与模板之间的匹配度

CB_A_3 对应模板	匹配度 p_1	LA_A_1 对应模板	匹配度 p_2
kV500_CB_A	94.53%	kV500_LA_B	40.74%
kV500_CP_A	29.35%	kV500_LA_C	61.40%
kV500_CB_C	9.22%	kV500_LA_A	90.09%
kV500_CP_H	36.82%	kV500_LA_E	50.44%
kV500_CT_A	5.88%	kV500_PT_A	60.13%
kV500_CT_AA	3.22%	kV500_LA_G	51.48%
kV500_PT_A	21.86%	kV500_LA_F	50.26%

根据图 6.23（a）的匹配误差曲线和表 6.7 中的匹配度 p_1 可以判断，对于断路器 kV500_CB_A_3，其与 kV500_CB_A 的匹配误差 e 最小，匹配度 p 最大，所以 kV500_CB_A_3 的识别结果为 kV500_CB_A。表 6.9 给出了使用经典 ICP 算法和改进的 ICP 算法时，

kV500_CB_A_3 与 kV500_CB_A 最后 7 次迭代的匹配误差。

表 6.9　　　　　　　　　　kV500_CB_A_3 与 kV500_CB_A 最后 7 次迭代的匹配误差

算法		迭代次数						
改进的	n	1～25	25	26	27	28	29	30
ICP 算法	e	>8.5913	8.5913	8.5910	8.5907	8.5906	8.5905	8.5901
经典	n	1-83	84	85	86	87	88	89
ICP 算法	e	>8.5897	8.5897	8.5895	8.5894	8.5893	8.5892	8.5892

同样地，根据图 6.23（b）的匹配误差曲线，对于避雷器 kV500_LA_A_1，其最佳匹配结果为 kV500_LA_A，最后 7 次迭代的匹配误差见表 6.10 所示。

表 6.10　　　　　　　　　　kV500_LA_A_1 与 kV500_LA_A 最后 7 次迭代的匹配误差

算法		迭代次数						
改进的	n	1-13	13	14	15	16	17	18
ICP 算法	e	>4.8389	4.8388	4.8386	4.8385	4.8383	4.8381	4.8379
经典	n	1-43	43	44	45	46	47	48
ICP 算法	e	>4.8378	4.8377	4.8377	4.8376	4.8376	4.8376	4.8375

分析表 6.9 和表 6.10 可知，使用改进的 ICP 算法进行识别时，设备 kV500_CB_A_3 的最终匹配误差 $e=8.5901$，迭代次数为 30 次，匹配度为 94.53%；而采用经典的 ICP 算法进行识别时，设备 kV500_CB_A_3 的最终匹配误差 $e=8.5892$，迭代次数为 89 次，匹配度为 94.53%。使用改进的 ICP 算法进行识别时，设备 kV500_LA_A_1 的最终匹配误差 $e=4.8379$，迭代次数为 18 次，匹配度为 90.09%；而采用经典的 ICP 算法进行识别时，设备 kV500_LA_A_1 的最终匹配误差 $e=4.8375$，迭代次数为 48 次，匹配度为 90.13%。由此可以看出，当相同型号的两个设备进行匹配时，随着迭代次数的增加，匹配误差会快速趋于稳定，迭代次数会大幅减少，匹配度也未发生明显变化，所以对 ICP 算法的优化可以在不损失识别精度的条件下减少匹配时间。

通过对 352 组待测设备的模板预选，筛选出 7 组平面特征相似的模板设备，然后利用基于关键点的改进的 ICP 算法进行点云的精确识别，部分识别结果见表 6.11。通过对这 352 组测试数据进行识别分类，352 组测试数据中识别成功 325 组，识别率为 92.33%，识别效果较好。通过对未成功识别的设备进行分析，发现未成功识别的设备重影、缺失等情况较为严重，影响了平面特征及关键点信息的提取，造成了识别错误。

表 6.11　　　　　　　　　　　　　　部分识别结果

测试数据	最优匹配结果	分类时间（s）	是否识别成功
…	…	…	…
kV500_CB_A_3	kV500_CB_A	18.73	是

测试数据	最优匹配结果	分类时间(s)	是否识别成功
kV500_CP_A_2	kV500_CP_B	12.76	否
kV500_CP_D_2	kV500_CP_G	17.53	否
kV500_CP_E	kV500_CP_E	13.05	是
kV500_CP_G	kV500_CP_G	15.13	是
kV500_CT_A_1	kV500_CT_A	15.41	是
kV500_ES_A_2	kV500_ES_A	17.35	是
kV500_LA_D_1	kV500_LA_D	8.77	是
kV500_PT_CC	kV500_PT_CC	18.11	是
kV500_ZUBOQI_B_2	kV500_ZUBOQI_B	23.27	是
…	…	…	…

3. 对比实验分析

为了验证基于平面特征的点云识别方法的有效性，与投影边界点曲率法进行了对比实验。该方法提出一种由粗到精的识别策略。在识别过程中，首先利用滚圆法提取设备点云在三个方向上投影的边界点信息；其次用点到弦的距离估算三个点云投影中的边界点投影轮廓特征，并根据投影轮廓特征预选出比较相似的设备；最后使用 ICP 算法进行精确配准，得到待测设备点云的最终类型。对比实验数据仍然为 54 组模板和 352 组测试数据，两种识别算法的效果对比见表 6.12。

表 6.12 两种识别方法的效果对比

设备类型	基于平面特征的点云识别方法		投影边界点曲率法	
	识别时间（s）	识别结果	识别时间（s）	识别结果
kV500_CB_A_3	18.73	是	81.94	是
kV500_CB_B_2	7.56	是	58.76	是
kV500_CP_D_2	17.53	否	135.27	是
kV500_CT_A_1	15.41	是	135.71	是
kV500_LT_C_1	16.61	是	126.93	是
kV500_DS_1A_1	18.54	是	105.3	是
kV500_DS_1A_2	17.62	是	77.0	是
kV500_DS_1AA_3	14.23	是	65.4	否
…	…	…	…	…
总计	平均时间	识别准确率	平均时间	识别准确率
	19.41s	92.33%	85.91s	98.8%

从表 6.12 可以看出，基于投影边界点曲率的点云识别方法的识别准确率为 98.8%，平均识别时间为 85.91s；基于平面特征的点云识别方法的识别准确率为 92.33%，平均识别

时间为 19.41s。从识别精度来看，两种方法都具有较高的识别精度，而基于投影边界点曲率的点云识别方法准确率更高；从识别速度来看，基于投影边界点曲率的点云识别方法耗时较长，而基于平面特征的点云识别方法识别速度更为理想，这主要是因为使用 Umeyama 算法对样本点云进行了初步筛选，缩短了识别时间。

基于平面特征的点云识别方法与基于投影边界点曲率的点云识别方法相比，缩短了识别时间，同时识别率达到 92.33%，具有较好的识别效果，综合时间和精度性价比更高。此外，基于平面特征的点云识别方法在识别设备型号的同时也会得到待测设备在变电站场景中的位置，便于后续的变电站场景重建。

6.3.5 附属电线分割的必要性分析

为测试电线的存在对变电站设备识别的影响，本次实验选取了不同类型、不同型号包含电线的变电站设备共 352 组进行测试，未分割电线与分割电线的识别效果对比见表 6.13。附属电线对匹配度影响如图 6.24 所示。

表 6.13 未分割电线与分割电线的识别效果对比

序号	标准件	测试样本	是否正确识别	
			未分割电线	分割电线
1	CB_C	CB_C_1	是	是
9	ES_A	ES_A_2	否	是
17	CP_D	CP_D_4	是	是
26	LA_E	LA_E_3	是	是
35	LA_G	LA_G_2	否	是
76	CP_DDD	CP_DDD_1	否	是
90	CP_E	CP_E_1	是	是
131	CP_I	CP_I_3	否	否
237	CT_AA	CT_AA_5	是	是
305	ZUBOQI_D	ZUBOQI_D_10	是	是
352	DS_1B	DS_1B_1	是	是
正确识别数			303	325

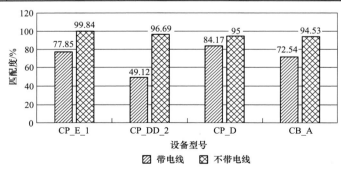

图 6.24 附属电线对匹配度影响

从表 6.13 可以看出，如果不对电线点云做任何处理而直接进行设备识别，有 49 个变电站设备不会被正确识别，识别率仅为 86.08％；并且由图 6.24 可以看出，相同环境下，同型号的变电站设备，在进行改进的 ICP 算法配准识别时，附带电线的设备与模板之间的匹配度要比不附带电线时低得多，主要原因在于电线的存在会影响关键点信息的获取。在获取点云的关键点信息时，关键点提取器会同时将电线中的某些点提取出来，造成测试设备关键点信息与对应模板关键点信息有较大区别，导致识别失败。所以，在进行变电站设备识别之前，对附属电线进行分割是必不可少的。

第7章

变 电 站 重 建

7.1　变电站三维模型

　　变电站重建就是按照变电站的实况实景，"克隆"出一个变电站的模型。图 7.1 展示了一个变电站三维模型。

　　变电站场景的建模还原及信息传感传输技术为变电站系统的日常检测运维、规划建设、指导实践提供了便利，从而成为当今电力系统可视化的主要研究方向。重建是变电站点云建模流程中的最后一个步骤，在前期各项准备工作的基础上，变电站模型的建立就水到渠成了。

图 7.1　变电站三维模型

7.2　变电站重建方法和流程

　　变电站重建方法主要有两种：一是利用曲面拟合重建；二是基于设备识别结果直接调用标准化设备模型重建。

（1）利用曲面拟合重建。基于点云数据进行曲面拟合，目前已有很多成熟的算法，常用的拟合方法有泊松重建、MarchingCube 算法、Delaunay 三角剖分、凸包算法等。直接对点云数据拟合可以方便快捷地还原原始物体的样貌。图 7.2 所示为面部点云数据的曲面拟合效果。

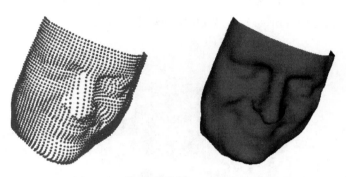

图 7.2　面部点云数据的曲面拟合效果

从图 7.2 可以看出，基于点云数据的曲面拟合无法达到很精确的效果。各区域的曲面拟合完全依赖于该区域内点云的分布，因此点云数据的疏密、噪声点干扰等因素都会影响拟合效果，某些干扰数据甚至会导致拟合曲面畸形或出现严重缺陷。

变电站重建，希望得到的模型是标准化、统一化的，用曲面拟合的方法重建不能满足这个需求。

（2）基于设备识别结果直接调用标准化设备模型重建。与前一种方法的思路不同，该方法不需要进行曲面拟合，而是基于点云数据的特征直接识别出设备类型，然后在外部的模板库中选择相应的设备进行模型的搭建。设备点云的识别已经在第 6 章中做了详细介绍，在此直接利用其识别结果，再配合各设备的相对位置信息，就可以按照实景重构一个变电站的三维模型。基于点云的变电站三维模型重建将使用这种方法，该方法的流程如图 7.3 所示。

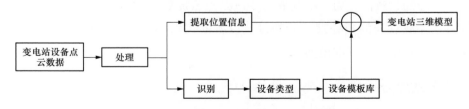

图 7.3　基于设备识别结果直接调用标准化设备模型重建的流程

7.3　变电站重建程序开发

变电站重建过程中要调用设备三维模型，因此选择 Three.js 进行模型搭建。Three.js

是基于 JavaScript 编写的 WebGL 第三方库，提供了丰富的 3D 显示功能。Three.js 是一款运行在浏览器中的 3D 引擎，可以用它创建各种三维场景。其功能非常丰富，除封装了 WebGL 的原始 API 之外，Three.js 还包含许多实用的内置对象，可以方便地应用于游戏开发、动画制作以及高分辨率模型和一些特殊视觉效果的制作。除此之外，使用 Three.js 创建的三维模型可以方便地在网页端展示，因此不需要独立开发运行平台，且和用户交互良好。图 7.4 所示为使用 Three.js 在 Web 端创建模型的效果。

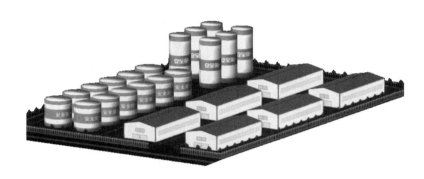

图 7.4　Three.js 在 Web 端创建模型的效果

用 Three.js 搭建变电站模型，可以分为以下几步：

（1）创建场景、相机、渲染器。

（2）导入变电站设备 obj 模型。

（3）获取并设置各模型位置、姿态。

（4）设置键盘、鼠标交互效果。

（5）渲染场景，获得重建的模型。

7.4　变电站重建实例

变电站重建的大致流程为：把获取的变电站点云原始数据输入自动重建系统中，自动重建系统自动完成点云的预处理、分割以及设备的识别，并根据识别结果和设备的位置、姿态信息自动构建变电站三维模型。

7.4.1　变电站点云采集

使用机载激光雷达扫描仪（见图 7.5）对 500kV 某变电站进行扫描，再经过点云配准、拼接等初步处理后，将得到的变电站点云数据利用 Geomagic 软件进行可视化，效果如图 7.6 所示。从中可以看出，采集到的点云虽然可以精确地表达变电站设备的位置、姿态、外形信息，但是也包含了一些噪声点。采集到的点云数据以 .las 格式存储，这是一种工业标准格式。当点云数据需要处理时，可以根据不同软件的需要，转化为相应格式供处理使用。

图 7.5　机载激光雷达扫描仪

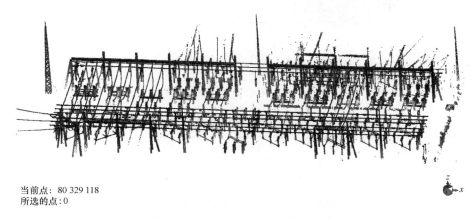

当前点：80 329 118
所选的点：0

图 7.6　变电站点云的可视化效果

7.4.2　点云预处理

　　获取的点云数据包含大量的噪声点、地面点等，需要对这些冗余点进行处理。

　　点云去噪可以使用统计滤波去噪法。将统计滤波算法中所用到的两个参数——点邻域内的数目 m 和标准差乘子 k 分别设置为 50 和 1，即计算每点与其最近的 50 个点的平均距离，删除平均距离大于统计滤波高斯模型均值＋方差的点，得到去噪后的变电站点云，如图 7.7 所示。变电站点云去噪前后的点数对比见表 7.1，通过统计滤波共去除了 8872 个噪声点。图 7.8 所示为变电站某阻波器点云去噪前后的对比，从中可以明显地看出，原本存在于变电站设备点云空间中的离群噪声点已经很大程度上被去除。因此，基于统计滤波的去噪方法可以很好地去除变电站点云数据中的噪声点，尤其是对离变电站设备主体较远的离群点的去除效果最为显著。

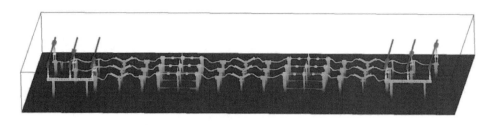

图 7.7　去噪后的变电站点云

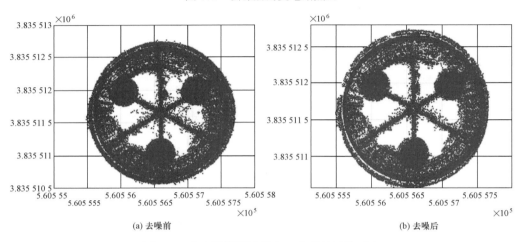

(a) 去噪前

(b) 去噪后

图 7.8　变电站某阻波器点云去噪前后的对比

表 7.1　　　　　　　　　　　**变电站点云去噪前后的点数对比**

去噪前点数	去噪后点数	去除点数
25 387 419	25 378 547	8872

使用基于 RANSAC 的地面滤波算法，对地面点进行平面拟合，可以实现变电站点云的地面点去除。由于变电站点云中的地面点和非地面点的高度点云数据差异较大，因此仅将距离地面以上和地面以下一定距离范围内的变电站点云数据作为需要处理的区域，这里选择地面上、下各 1cm 为处理范围。去除地面点后的变电站点云如图 7.9 所示。

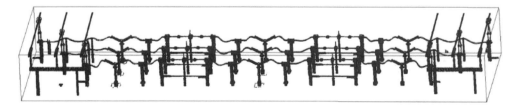

图 7.9　去除地面点后的变电站点云

7.4.3　大场景粗分割和细分割

变电站的设备相互连接，导线错综复杂，完成点云的预处理后需要对设备进行分割，获得单独的设备个体以便后续识别。设备的分割采用体素化的、基于电线细长特征的方法。

首先进行粗分割。处于设备边缘和结构较小位置的体素不能在生长过程中被包含进来，从而会造成设备点云的缺失，使提取出的设备点云不完整。变电站设备的粗分割结果如图 7.10 所示。

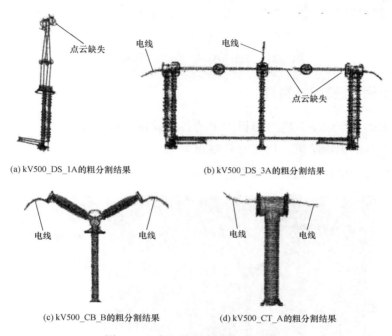

(a) kV500_DS_1A的粗分割结果   (b) kV500_DS_3A的粗分割结果

(c) kV500_CB_B的粗分割结果   (d) kV500_CT_A的粗分割结果

图 7.10 变电站设备的粗分割结果

粗分割的结果还存在缺失问题，需要进一步通过细分割来"完善"设备点云，使分割结果更加准确、完整。细分割是在粗分割的基础上，通过对边缘点的再次考察，对边缘点进行聚类，以确定点的增删，从而达到更加精确的分割效果。变电站设备的细分割效果如图 7.11 所示。可以看到，设备点云的缺失部分已被补全，冗余部分已被去除。

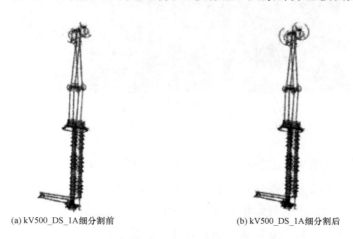

(a) kV500_DS_1A细分割前   (b) kV500_DS_1A细分割后

图 7.11 变电站设备的细分割效果（一）

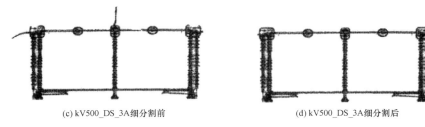

(c) kV500_DS_3A细分割前   (d) kV500_DS_3A细分割后

图 7.11   变电站设备的细分割效果（二）

7.4.4   设备识别与变电站重建

将分割出来的各个设备分别与模板库中的各个设备模板进行匹配，将匹配程度最高的模板作为当前设备的识别结果。待所有设备识别完成之后，根据识别结果自动完成变电站的三维模型重建。变电站重建效果如图 7.12 所示。

(a) 局部侧视图1

(b) 局部侧视图2

图 7.12   变电站重建效果

至此，根据识别结果和设备点云原始数据，完成了变电站三维模型的自动重建。重建过程方便快速，不需要人工操作，可自动获取点云信息完成重建。得到的变电站模型标准精确，可用于变电站系统的日常检测和规划建设，以及建设状态全面感知、信息互联共享、人机友好交互、设备诊断高度智能、运检效率大幅提升的智慧变电站。

参 考 文 献

[1] 龙丽娟，夏永华，黄德 . 一种基于三维激光扫描点云数据的变电站快速建模方法 [J]. 激光与光电子学进展，2020，57（20）：361-370.

[2] 田小壮，赵丰刚，刘海影，等 . 基于点云数据的变电站三维仿真模型的实现及展望 [J]. 四川电力技术，2018，41（4）：32-36.

[3] 赵昂，王洪涛，赵军，等 . 智能变电站二次回路三维建模及全景可视化研究 [J]. 电气技术，2020，21（12）：49-55.

[4] Quintana J，Mendoza E . 3D virtual models applied in power substation projects [C]. 2009 15th International Conference on Intelligent System Applications to Power Systems，2009：3.

[5] Ali，I，Hussain S，Tak A，et al. Communication modeling for differential protection in IEC-61850-based substations [J]. IEEE Transactions on Industry Applications，2018. 54（1）：135-142.

[6] 王菲，王球，任佳依，等 . 变电站电气设备检测与三维建模系统 [J]. 电测与仪表，2021，58（3）：160-167.

[7] Maas H G，Vosselman G . Two algorithms for extracting building models from raw laser altimetry data [J]. ISPRS Journal of Photogrammetry and Remote Sensing，1999，54（2）：153-163.

[8] Sun L，Suo X S，Liu Y F，et al. 3D modeling of transformer substation based on mapping and 2D images [J]. Mathematical Problems in Engineering，2016（2）：1-6.

[9] 王先兵，张学东，何涛，等 . 三维虚拟变电站数字可视化管理与监控系统 [J]. 武汉大学学报（工学版），2011，44（6）：786-791.

[10] 张红春 . 基于点云数据建模在三维数字工厂建设中的应用研究 [J]. 价值工程，2015，34（12）：45-47.

[11] Pang G.，Qiu R，Jing H，et al. Automatic 3D industrial point cloud modeling and recognition [C]. 2015 14th IAPR International Conference on Machine Vision Applications，2015：22-25.

[12] 钟棉卿 . 基于三维激光扫描技术的城市建筑外立面测量 [J]. 北京测绘，2020，34（11）：1606-1609.

[13] Lu W X，Zhou Y，Wan G W，et al. L3-Net：towards learning based LiDAR localization for autonomous driving [C]. 2019 IEEE/CVF Conference on Computer Vision and Pattern Recognition，2019：6382-6391.

[14] 毕世普，别君，张勇 . 机载 LiDAR 在海岸带地形测量中的应用 [J]. 海洋地质前沿，2012，28（11）：59-64.

[15] Peng H，Xu J H，Ni S Q. Application of ground 3D laser scanning technique in substation fine measurement [J]. Bulletin of Surveying and Mapping，2017（12）：107-111.

[16] Gonzalez A D，Pozo S D，Lopez G，et al. From point cloud to CAD models：Laser and optics geotechnology for the design of electrical substations [J]. Optics and Laser Technology，2012，44（5）：

1384-1392.

［17］ Wu Q Y，Yang H B，Wei M Q，et al. Automatic 3D reconstruction of electrical substation scene from LiDAR point cloud ［J］. ISPRS Journal of Photogrammetry and Remote Sensing，2018（143）：57-71.

［18］ 吴争荣，雷伟刚，余文辉，等. 基于 UAV 激光点云数据的变电站设备提取方法 ［J/OL］. 测绘地理信息：1-8 ［2021-05-23］. https：//doi. org/10. 14188/j. 2095-6045. 2020352.

［19］ Liu Q L，Hu W S，Wang C，et al. Application of the 3D laser scanner to the Hui-Quan substation modeling ［J］. Science of Surveying and Mapping，2011（2）：210-212.

［20］ 李杰，王波，王兴存，等. 基于海量点云数据的变电站三维全真建模方法 ［J］. 华北电力技术，2016，（7）：26-30.

［21］ Duan Y，Yang C，Chen H，et al. Low-complexity point cloud denoising for LiDAR by PCA-based dimension reduction ［J］. Optics Communications，2021（482）：126567.

［22］ Daniel F，Robert M，Robert P M. Surface algorithms using bounds on derivatives - ScienceDirect ［J］. Computer Aided Geometric Design，1986，3（4）：295-311.

［23］ Lee K H，Woo H，Suk T. Data reduction methods for reverse engineering ［J］. The International Journal of Advanced Manufacturing Technology，2001，17（10）：735-743.

［24］ Chen，Y H，Ng C T，Wang Y Z，Data reduction in integrated reverse engineering and rapid prototyping ［J］. International Journal of Computer Integrated Manufacturing，1999，12（2）：97-103.

［25］ 周波，陈银刚，顾泽元. 基于八叉树网格的点云数据精简方法研究 ［J］. 现代制造工程，2008（3）：64-67.

［26］ Li M L，Nan L L. Feature-preserving 3D mesh simplification for urban buildings ［J］. ISPRS Journal of Photogrammetry and Remote Sensing，2021（173）：135-150.

［27］ Sun W，Bradley C，Zhang Y F，et al. Cloud data modelling employing a unified，non-redundant triangular mesh ［J］. Computer-Aided Design，2001，33（2）：183-193.

［28］ Lee K H，Woo H，Suk T. Point data reduction using 3D grids ［J］. The International Journal of Advanced Manufacturing Technology，2001，18（3）：201-210.

［29］ Han H Y，Han X，Sun F S，et al. Point cloud simplification with preserved edge based on normal vector ［J］. Optik-International Journal for Light and Electron Optics，2015，126（19）：2157-2162.

［30］ Adams A，Gelfand N，Dolson J，et al. Gaussian KD-trees for fast high-dimensional filtering ［J］. ACM Transactions on Graphics，2009，28（3）：1-12.

［31］ 马祥，杜忠华，蔡雨，等. 融合梯度信息的改进中值滤波算法研究 ［J］. 传感器与微系统，2021，40（3）：48-51.

［32］ Avron H，Sharf A，Chen G，et al. 1-Sparse reconstruction of sharp point set surfaces ［J］. ACM Transactions on Graphics，2010，29（5）：1-12.

［33］ 张芳菲，梁玉斌，王佳. 基于近邻搜索的激光点云数据孤立噪点滤波研究 ［J］. 测绘工程，2018，27（11）：29-33.

［34］ Tomasi C，Manduchi R. Bilateral filtering for gray and color images ［C］. Sixth International Conference on Computer Vision，1998：839-846.

[35] 曹爽，岳建平，马文. 基于特征选择的双边滤波点云去噪算法 [J]. 东南大学学报（自然科学版），2013，43（S2）：351-354.

[36] 宋阳，李昌华，马宗方，等. 应用于三维点云数据去噪的改进 C 均值算法 [J]. 计算机工程与应用，2015，51（12）：1-4.

[37] Simoes F, Almeida M, Pinheiro M, et al. Challenges in 3D reconstruction from images for difficult large-scale objects：A study on the modeling of electrical substations [C]. 2012 14th Symposium on Virtual and Augmented Reality，2012：74-83.

[38] 方彦军，唐勉，罗嘉，等. 基于随机森林方法的变电站三维建模点云自动分割 [J]. 制造业自动化，2015，37（10）：86-89.

[39] Arastounia M, Lichti D D. Automatic object extraction from electrical substation point clouds [J]. Remote Sensing，2015，7（11）：15605-15629.

[40] Guo J, Feng W, Xue J, et al. An efficient voxel-based segmentation algorithm based on hierarchical clustering to extract LiDAR power equipment data in transformer substations [J]．IEEE Access，2020（8）：227482-227496.

[41] Vanegas C A, Aliaga D G, Benes B. Automatic extraction of Manhattan-World building masses from 3D laser range scans [J]. IEEE Transactions on Visualization and Computer Graphics，2012，18（10）：1627-1637.

[42] Wang H Y, Wang C, Luo H, et al. Object detection in terrestrial laser scanning point clouds based on hough forest [J]. IEEE Geoscience and Remote Sensing Letters，2014，11（10）：1807-1811.

[43] Douillard B, Underwood J , Kuntz N , et al. On the segmentation of 3D LiDAR point clouds [C] IEEE International Conference on Robotics & Automation. IEEE，2011.

[44] Baek H, Chung Y, Ju M, et. al. Segmentation of group-housed pigs using concave points and edge information [C]. International Conference on Advanced Communication Technology，2017：563-565.

[45] Jiang X Y, Bunke H, Meier U. Fast range image segmentation using high-level segmentation primitives [C]. Proceeding. Third IEEE Workshop on Applications of Computer Vision，1996：83-88.

[46] Sappa A D, Devy M. Fast range image segmentation by an edge detection strategy [C]. Proceedings Third International Conference on 3-D Digital Imaging and Modeling，2001：292-299.

[47] Besl P J, Jain R C. Segmentation through variable-order surface fitting [J]. IEEE Transactions on Pattern Analysis and Machine Intelligence，1988，10（2）：167-192.

[48] 杨琳，翟瑞芳，阳旭，等. 结合超体素和区域增长的植物器官点云分割 [J]. 计算机工程与应用，2019，55（16）：197-203.

[49] Vo A V, Linh T H, Laefer D F, et al. Octree-based region growing for point cloud segmentation [J]. ISPRS Journal of Photogrammetry and Remote Sensing，2015（104）：88-100.

[50] 李仁忠，刘阳阳，杨曼，等. 基于改进的区域生长三维点云分割 [J]. 激光与光电子学进展，2017，55（5）：325-331.

[51] 张景蓉，陆竹恒. 基于反馈 Hough 变换的管道点云检测和识别 [J]. 计算机与现代化，2019（8）：6-11.

［52］ 韩天哲. 基于霍夫变换的 LiDAR 球顶房屋的提取 ［J］. 科技展望，2016，26（10）：122-125＋146.

［53］ Chen D，Zhang L Q，Mathiopoulos P T. et. al.. A methodology for automated segmentation and reconstruction of urban 3-D buildings from ALS point clouds ［J］. IEEE Journal of Selected Topics in Applied Earth Observations and Remote Sensing，2014，7（10）：4199-4217.

［54］ Sampath A，Shan J. Segmentation and reconstruction of polyhedral building roofs from aerial lidar point clouds ［J］. IEEE Transactions on Geoscience and Remote Sensing，2010，48（3）：1554-1567.

［55］ Rabbani T，Heuvel F A，Vosselman G. Segmentation of point clouds using smoothness constraint ［J］. International Archives of the Photogrammetry，Remote Sensing and Spatial Information Sciences，2006，36（5）：248-253.

［56］ Polewski P，Yao W，Heurich M，et al. Learning a constrained conditional random field for enhanced segmentation of fallen trees in ALS point clouds ［J］. ISPRS Journal of Photogrammetry and Remote Sensing，2017（140）：33-44.

［57］ 王晓辉，吴禄慎，陈华伟，等. 基于区域聚类分割的点云特征线提取 ［J］. 光学学报，2018，38（11）：66-75.

［58］ 刘洋，杨必胜，梁福逊. 机载激光点云中高压电塔自动识别方法 ［J］. 测绘通报，2019,（1）：34-38.

［59］ 王雅男，王挺峰，田玉珍，等. 基于改进的局部表面凸性算法三维点云分割 ［J］. 中国光学，2017，33（3）：348-354.

［60］ Rethage D，Wald J，Sturm J，et al. Fully-convolutional point networks for large-scale point clouds ［C］. Proceedings of the European Conference on Computer Vision，2018：625-640.

［61］ Qi C R，Su H，Mo K C，et al. PointNet：Deep learning on point sets for 3D classification and segmentation ［C］. 30th IEEE Conference on Computer and Pattern Recognition，2017：77-85.

［62］ Besl P J，Mckay H D. A method for registration of 3-D shapes ［J］. IEEE Transactions on Pattern Analysis and Machine Intelligence，1992，14（2）：239-256.

［63］ 窦本君，纪勇，郑尚高，等. 基于降维数据边界点曲率的变电站设备识别 ［J］. 郑州大学学报（工学版），2017，38（2）：61-65.

［64］ Mian A S，Bennamoun M，Owens R. Three-dimensional model-based object recognition and segmentation in cluttered scenes ［J］. IEEE Transactions on Pattern Analysis and Machine Intelligence，2006，28（10）：1584-1601.

［65］ Smeets D，Keustermans J，Vandermeulen D，et al. MeshSIFT：Local surface features for 3D face recognition under expression variations and partial data ［J］. Computer Vision and Image Understanding，2013，117（2）：158-169.

［66］ Lowe D G. Distinctive image features from scale-invariant keypoints ［J］. International Journal of Computer Vision，2004，60（2）：91-110.

［67］ Xiao G，Ong S H，Foong K W C. Efficient partial-surface registration for 3D objects ［J］. Computer Vision and Image Understanding，2005，98（2）：271-294.

［68］ Guo Y L，Sohel F，Bennamoun M，et al. Rotational projection statistics for 3D local surface description and object recognition ［J］. International Journal of Computer Vision，2013，105（1）：63-86.

[69] Guo W Y, Ji Y, Luo Y, et al. Substation equipment 3D identification based on KNN classification of subspace feature vector [J]. Journal of Intelligent Systems, 2017, 28 (5): 807-819.

[70] Rusu R B, Bradski G R, Thibaux R, et al. Fast 3D recognition and pose using the viewpoint feature histogram [C]. IEEE/RSJ 2010 International Conference on Intelligent Robots and Systems, 2010: 2155-2162.

[71] Aldoma A, Vincze M, Blodow N, et al. CAD-model recognition and 6DOF pose estimation using 3D cues [C]. 2011 IEEE International Conference on Computer Vision Workshops, 2011: 585-592.

[72] Rusu R B, Holzbach A, Beetz M, et al. Detecting and segmenting objects for mobile manipulation [C]. 2009 IEEE 12th International Conference on Computer Vision Workshops, 2009: 47-54.

[73] Marton Z C, Pangercic D, Blodow N, et al. Combined 2D-3D categorization and classification for multi-modal perception systems [J]. International Journal of Robotics Research, 2011, 30 (11): 1378-1402.

[74] Rusu R B, Blodow N, Marton Z C, et al. Aligning point cloud views using persistent feature histograms [C]. 2008 IEEE/RSJ International Conference on Robots and Intelligent Systems, 2008: 3384-3391.

[75] Rusu R B, Blodow N, Beetz M. Fast point feature histograms (FPFH) for 3D registration [C]. In Icra: 2009 IEEE International Conference on Robotics and Automation IEEE, 2009: 1848-1853.

[76] Tombari F, Salti S, Stefano L D. Unique signatures of histograms for local surface description [C]. In: Computer Vision-Eccv 2010, 2010: 356-369.

[77] 李广云, 李明磊, 王力等. 地面激光扫描点云数据预处理综述 [J]. 测绘工程, 2015 (11): 1-3 +31.

[78] Masuda T, Yokoya N. A robust method for registration and segmentation of multiple range images [J]. Computer Vision and Image Understanding, 1995, 61 (3): 295-307.

[79] Akca D, Gruen A. Fast correspondence search for 3D surface matching [J]. ISPRS WG Ⅲ/3, Ⅲ4, Ⅴ/3 Workshop "Laser scanning 2005", Enschede, the Netherlands, 2005 (9): 186-191.

[80] 张鸿宾, 谢丰. 基于表面间距离度量的多视点距离图像的对准算法 [J]. 中国科学 E 辑, 2005, 35 (2): 150-160.

[81] 李慧慧, 刘超, 陶远. 一种改进的 ICP 激光点云精确配准方法 [J]. 激光杂志, 2021, 42 (1): 84-87.

[82] Biber P, Strasser W. The normal distributions transform: A new approach to laser scan matching [C]. Proceedings of 2003 IEEE/RSJ International Conference on Intelligent Robots and Systems, 2003: 2743-2748.

[83] Magnusson M. The three-dimensional normal-distributions transform: An efficient representation for registration, surface analysis, and loop detection [D]. Orebro University, 2009.

[84] Ulas C, Temeltas H. 3D multi-layered normal distribution transform for fast and long range scan matching [J]. Journal of Intelligent & Robotic Systems, 2013, 71 (1): 85-108.

[85] Saarinen J, Andreasson H, Stoyanov T, et al. Normal distributions transform occupancy maps: Application to large-scale online 3D mapping [C]. Proceedings of IEEE International Conference on Robotics

and Automation. Karlsruhe, 2013: 1-6.

[86] 蔡则苏，洪炳铭，魏振华. 使用 NDT 激光扫描匹配的移动机器人定位方法 [J]. 机器人，2005，27（5）：414-419.

[87] Hu F J, Ren T J, Shi S B. Discrete point cloud registration using the 3D normal distribution transformation based newton iteration [J]. Journal of Multimedia, 2014, 9 (7): 934-940.

[88] 荆路，武斌，李先帅. 基于 SAC-IA 和 NDT 融合的点云配准方法 [J]. 大地测量与地球动力学，2021，41（4）：378-381.

[89] Melzer T, Briese C. Extraction and modeling of power lines from ALS point clouds [C]. The 28th Proceedings of OAGM, Workshop, Hagenberg, Austria, 2004.

[90] Jwa Y, Sohn G, Kim H B. Automatic 3d powerline reconstruction using airborne lidar data [C]. International Archives of Photogrammetry, Remote Sensing, 2009.

[91] Zhu L L, Hyyppä J. Fully-automated power line extraction from airborne laser scanning point clouds in forest areas [J]. Remote Sensing, 2014, 6 (11): 11267-11282.

[92] Zhu L L, Hyyppä J. The use of airborne and mobile laser scanning for modeling railway environments in 3D [J]. Remote Sensing, 2014, 6 (4): 3075-3100.

[93] Wu Q Y, Yang H B, Wei M Q, et al. Automatic 3D reconstruction of electrical substation scene from LiDAR point cloud [J]. ISPRS journal of Photogrammetry and Remote Sensing, 2018 (143): 57-71.

[94] Arastounia M, Lichti D D. Automatic extraction of insulators from 3D LiDAR data of an electrical substation [J]. ISPRS Annals of Photogrammetry, Remote Sensing and Spatial Information Sciences, 2013, II-5/W2 (1): 19-24.

[95] Smeets D, Hermans J, Vandermeulen D, et al. Isometric deformation invariant 3D shape recognition [J]. Pattern Recognition, 2012, 45 (7): 2817-2831.

[96] 吴凡，闵华松. 一种实时的三维语义地图生成方法 [J]. 计算机工程与应用，2017，53（6）：67-72.

[97] 纪勇，刘丹丹，罗勇，等. 基于霍夫投票的变电站设备三维点云识别算法 [J]. 郑州大学学报（工学版），2019，40（3）：1-6+12.

[98] Guo W Y, Ji Y, Luo Y, et al. Substation equipment 3D identification based on KNN classification of subspace feature vector. [J]. Journal of Intelligent Systems, 2017, 28 (5): 807-819.

[99] 赵夫群，周明全. 改进的尺度迭代最近点配准算法 [J]. 计算机工程与设计，2018，39（1）：146-150.

[100] Medioni G, Chen Y. Object modeling by registration of multiple range images [J]. Image and Vision Computing, 1992, 10 (3): 145-155.

[101] Bergevin R, Soucy M, Gagnon H, et al. Towards a general multi-view registration technique [J]. IEEE Transactions on Pattern Analysis and Machine Intelligence, 1996, 18 (5): 540-547.

[102] Rusinkiewicz S, Levoy M. Efficient variants of the ICP algorithm [C]. International Conference on 3-D Digital Imaging and Modeling, Quebec City, 2001.

[103] Yang J L, Li H D, Campbell D, et al. Go-ICP: A globally optimal solution to 3D ICP point-set registration [J] IEEE Transactions on Pattern Analysis and Machine Intelligence. 2016, 38 (11):

2241-2254.

[104] 吕志鹏，伍吉仓，公羽. 利用四元数改进大旋转角坐标变换模型 [J]. 武汉大学学报（信息科学版），2016，41（4）：547-553.

[105] 胡晓彤，王建东. 基于子空间特征向量的三维点云相似性分析 [J]. 红外与激光工程，2014，43（4）：1316-1321.

[106] Jiang S Y，Pang Y G，Wu M L，et al. An improved K-nearest-neighbor algorithm for text categorization [J]. Expert Systems with Application，2012，39（1）：1503-1509.

[107] Miloud-Aouidate A，Baba-Ali A R. An efficient ant colony instance selection algorithm for KNN classification [J]. International Journal of Applied Metaheuristic Computing，2013，4（3）：47-64.

[108] Sankaranarayanan J，Samet H，Varshney A. A fast all nearest neighbor algorithm for applications involving large point-clouds [J]. Computers & Graphics，2007，31（2）：157-174.

[109] Kennedy J，Eberhart R. Particle swarm optimization [C]. IEEE International Conference on Neural Networks，1995：1942-1948.

[110] Xue Z，Du P，Su H. Harmonic analysis for hyperspectral image classification integrated with PSO optimized SVM [J]. IEEE Journal of Selected Topics in Applied Earth Observations and Remote Sensing，2014，7（6）：2131-2146.

[111] 郭裕兰，鲁敏，谭志国，等. 采用投影轮廓特征的激光雷达快速目标识别 [J]. 中国激光，2012，39（2）：200-205.

[112] Fu Q W，He M Y，Xu C Y. A RANSAC image mosaic algorithm with preprocessing [J]. Electronic Design Engineering，2013（12）：183-186.

[113] Umeyama S. Least-squares estimation of transformation parameters between two point patterns [J]. IEEE Transactions on Pattern Analysis and Machine Intelligence，1991，13（4）：376-380.

[114] Chen H，Sun D G，Liu W Q，et al. An automatic registration approach to laser point sets based on multi-discriminant parameter extraction [J]. IEEE Transactions on Instrumentation and Measurement，2020，69（12）：9449-9464.

[115] Chen C S，Hung Y P，Cheng J B. RANSAC-based DARCES：A new approach to fast automatic registration of partially overlapping range images [J]. IEEE Transactions on Pattern Analysis and Machine Intelligence，2002，21（11）：1229-1234.

[116] 马忠玲，周明全，耿国华，等. 一种基于曲率的点云自动配准算法 [J]. 计算机应用研究，2015，32（6）：1878-1880.

[117] Qi C R，Su H，Mo K C，et al. PointNet：Deep learning on point sets for 3D classification and segmentation [J]. IEICE Transactions on Fundamentals of Electronics，Computer Sciences，2016，abs/1612.00593.

[118] 郭维滢. 基于子空间特征向量 K-近邻分类的变电站设备三维识别 [D]. 郑州大学，2018.